要点確認これだけ！

ITパスポート

ポケット○× 問題集
マル　バツ

近藤孝之 著

● はじめに ●

　本書は、ITパスポート試験の一問一答問題集です。

　ITパスポート試験は、基本情報技術者試験と並んで、コンピュータについて基本的なことは理解しているということの証明として、現在もっとも人気のある試験です。

　このITパスポート試験に関する解説書は、書店に行けば山ほどあります。みなさんも、何らかのテキストを使ってITパスポート試験の対策を進めていることでしょう。

　しかし、いよいよ試験を受ける日が近づいて、「もう少し、知識をまとめたい」あるいは「今までの勉強の整理整頓をしたい」と思う方も多いでしょう。

　そんなときに役に立つのが、この一問一答問題集です。本書では、各分野から420問を用意し、一問一答形式で知識を整理できるようにしておきました。

　通勤通学の車内や、ちょっとした空き時間などにぱらぱらとページをめくりながら、今までの勉強をまとめることができます。本書で、ITパスポート試験を突破できることをお祈りします。

2019年12月　近藤　孝之

● 試験について ●

　iパス（ITパスポート）は、IT化された社会で働くすべての社会人が備えておくべきITに関する基礎的な知識が証明できる国家試験です。

　具体的には、経営戦略、マーケティング、財務、法務など経営全般に関する知識をはじめ、セキュリティ、ネットワークなどのITの知識、プロジェクトマネジメントの知識など幅広い分野の総合的知識を問う試験です。

❖ 試験内容

試験時間	120分		
出題数	100問*		
出題形式	四肢択一式		
出題分野	ストラテジ系（経営全般）		35問程度
	マネジメント系（IT管理）		20問程度
	テクノロジ系（IT技術）		45問程度
合格基準	総合評価点	600点以上／1,000点（総合評価の満点）	
	分野別評価点	ストラテジ系	300点以上／1,000点（分野別評価の満点）
		マネジメント系	300点以上／1,000点（分野別評価の満点）
		テクノロジ系	300点以上／1,000点（分野別評価の満点）
採点方法	IRT（Item Response Theory：項目応答理論）に基づいて解答結果から評価点を算出		

＊総合評価は92問、分野別評価はストラテジ系32問、マネジメント系18問、テクノロジ系42問で行います。残りの8問は今後のITパスポート試験で出題する問題を評価するために使われます。

詳細は、情報処理技術者試験センターのホームページを参照してください。

❖ 情報処理技術者試験センター

ホームページ　　　● http://www.jitec.ipa.go.jp

❖ ITパスポート試験　コールセンター

電話番号　● 03-6204-2098
　　　　　　（8：00〜19：00　年末年始等の休業日を除く）
メール　　● call-center@cbt.jitec.ipa.go.jp

••• 本書の使い方 •••

- 本書は使いやすいポケットサイズでご好評を頂いた、「要点確認これだけ！ITパスポートポケット一問一答問題集」の改訂版です。最新の出題傾向にあわせて内容を刷新し、問題と解答が確認しやすい見開き構成になりました。
- 厳選した問題を420問掲載しています。何度も繰り返し解くことによって知識が定着し、理解力がアップします。
- 付属の赤シートを使って下線や赤色文字を隠せば、問題をより難しくしたり、解説部分を穴埋め問題として利用したりすることもできます。

❖ 問題ページ

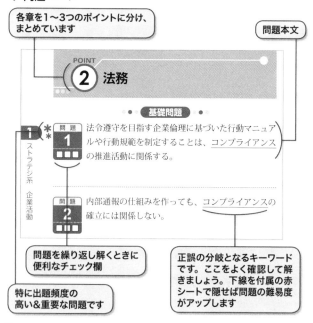

各章を1～3つのポイントに分け、まとめています

問題本文

POINT
2 法務

• ••• 基礎問題 ••• •

1 ストラテジ系　企業活動

問題 **1** ★★

法令遵守を目指す企業倫理に基づいた行動マニュアルや行動規範を制定することは、<u>コンプライアンス</u>の推進活動に関係する。

問題 **2**

内部通報の仕組みを作っても、<u>コンプライアンス</u>の確立には関係しない。

問題を繰り返し解くときに便利なチェック欄

特に出題頻度の高い＆重要な問題です

正誤の分岐となるキーワードです。ここをよく確認して解きましょう。下線を付属の赤シートで隠せば問題の難易度がアップします

∞• 本書の構成 •∞

- 出題分野ごとに章で分けており、苦手分野を集中的に学習することができます。各節は基礎問題と挑戦問題で構成されており、挑戦問題は問題文にヒントとなる下線がないため難易度がアップしています。
- 章ごとに置かれた「難問突破！」では、実際に出題された少し応用的な問題を掲載しました。また、章の最後には「これだけは覚えておきたい重要単語」を簡潔にまとめてあります。

❖ 解答ページ

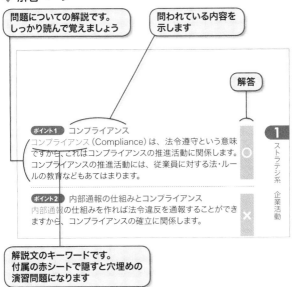

問題についての解説です。
しっかり読んで覚えましょう

問われている内容を
示します

解答

ポイント1 コンプライアンス
コンプライアンス（Compliance）は、法令遵守という意味ですから、これはコンプライアンスの推進活動に関係します。コンプライアンスの推進活動には、従業員に対する法・ルールの教育などもあてはまります。

ポイント2 内部通報の仕組みとコンプライアンス
内部通報の仕組みを作れば法令違反を通報することができますから、コンプライアンスの確立に関係します。

1
ストラテジ系　企業活動

解説文のキーワードです。
付属の赤シートで隠すと穴埋めの
演習問題になります

[目次]

第 | 1 | 章

ストラテジ系
企業活動

　ここでは、企業と法務について学びます。企業とは、主に株式会社のことをいいます。

　最初は、企業の仕組みについて学びます。

　企業は利益を追求するのが目的で、利益は簿記という技術でしっかり1円まで管理します。そのため、簿記を知っていると企業で働く上で有利ですが、試験対策として考えるならば詳しく知らなくても問題はないでしょう。ITパスポート試験に出る簿記は、限定的だからです。

　また、企業活動を行う上で重要な法律についても学びます。知的財産権に関する法律や、不正アクセス禁止法、不正競争防止法などがあります。

・・・ 基礎問題 ・・・

問題 1

経営組織のうち、市場や製品ごとに社内組織を分割し、利益責任単位として目標と権限が与えられるのはプロジェクト組織である。

問題 2

2人またはそれ以上の上司から指揮命令を受ける可能性がある組織構造は、職能別組織である。

問題 3

ネットワーク組織では、構成員がお互い対等な関係を有しており、自律性がある。

問題 4

部下を新規開発のプロジェクトに参加させて、部下の能力の向上を図るのは、OJTに該当する。

問題 5

SNSを企業内に導入する目的の1つに、業務上有益な人脈を形成することがある。

問題 6

多数人が集まり、お互いの意見を批判することなく、質より量を重視して自由に意見を出し合うことで、アイディアを創出していく技法を、ブレーンストーミングという。

ポイント1　事業部制組織

これは、事業部制組織のことです。プロジェクト組織は、期間限定の特定のプロジェクトのために各部門から臨時に人を集めます。

ポイント2　マトリクス組織

これは、マトリクス組織（職能別組織と同時に事業部制組織にも属する）のことです。職能別組織は、経理部や製造部、営業部など、専門分野ごとに分かれた一般的な組織です。

ポイント3　ネットワーク組織

ネットワーク組織は、対等な関係で、自律性があります。また、部門、企業の壁を乗り越えて編成されることもあります。

ポイント4　OJT

仕事を行いながらの教育ですので、OJT（On the Job Training＝オン・ザ・ジョブ・トレーニング）に該当します。

ポイント5　SNSの利用

企業内にSNSを導入する目的には、人脈の形成などがあります。もちろん、ネットワーク上のコミュニティの場を通じて行います。

ポイント6　ブレーンストーミング

ブレーンストーミングの、ブレーン（Brain）は脳、ストーミング（Storming）は嵐と訳すことができ、全体として脳を活性化させることを意味します。テーマから外れた発言、他人の意見への便乗なども奨励し、質よりも量を重視します。

| 問題 7 | ワークライフバランスとは、年齢、性別、経験、国籍などが個人ごとに異なるような多様性を示す言葉である。 |

| 問題 8 | 企業提携と比較して企業買収は、相手企業の意思決定に対する関与が限定されない。 |

| 問題 9 | 職務分掌は、会社を組織的に運営するためのルールであり、各部門の職務の内容を定めたものであるが、権限及び責任は定めていない。 |

** | 問題 10 | 大規模な自然災害を想定したBCPを作成する目的は、経営資源が縮減された状況における重要事業の継続である。 |

** | 問題 11 | 全社的な情報システム（経営戦略との整合性は確保してある）の整備計画の策定を行う場合、責任者として適切なのはCFOである。 |

| 問題 12 | 財務指標のROEは、（当期純利益÷自己資本）×100で計算する。 |

| 問題 13 | 売上高営業利益率は、（売上高÷営業利益）×100で計算する。 |

ポイント7 ダイバーシティ

これはダイバーシティの説明です。ワークライフバランスは、仕事と生活の調和を意味します。

ポイント8 企業買収と企業提携

企業買収なら相手企業の意思決定への関与は限定されません。一方で企業提携では、限定されます。提携での相手企業は、自分の会社とは別個の存在だからです。

ポイント9 職務分掌

最後が誤りです。職務分掌は、各部門の権限および責任についても定めています。

ポイント10 BCP

BCP (Business Continuing Plan) は、事業継続計画といい、災害が起きても事業が継続できるように作成しておきます。

ポイント11 CIO

情報システムに関して適切なのはCIO (Chief Information Officer＝最高情報責任者) です。CFO (Chief Financial Officer) は、最高財務責任者です。

ポイント12 ROE (自己資本利益率)

ROE (Return On Equity) とは、自己資本利益率のことです。計算方法は、ROE＝(当期純利益÷自己資本)×100となります。

ポイント13 売上高営業利益率

割る数と割られる数が逆になっています。正しくは、売上高営業利益率＝(営業利益÷売上高)×100です。

問題 14 総資産利益率は、(当期純利益÷総資産)×100で求められる。

問題 15 売上原価=期末商品棚卸高+当期純仕入高-期首商品棚卸高である。

** **問題 16** 企業の財務状況を明らかにするための貸借対照表では、左側(借方)に負債と純資産がある。

問題 17 キャッシュフロー計算書において、売掛金の増加は、キャッシュフローの減少要因となる。

問題 18 自己資本比率は、数値が小さいほど財務の安全性が高いと考えられる。

問題 19 流動比率は、数値が大きいほど支払能力が高いと考えられる。

問題 20 変動費率=変動費÷固定費である。

ポイント14　ROA（総資産利益率）

総資産利益率は、ROA（Return On Assets）とも呼ばれます。計算方法は、ROA＝（当期純利益÷総資産）×100です。

ポイント15　売上原価

期首と期末が逆になっています。正しくは、売上原価＝期首商品棚卸高＋当期純仕入高－期末商品棚卸高です。

ポイント16　貸借対照表

貸借対照表の左側（借方）には、資産があります。負債と純資産は、右側（貸方）にあります。

ポイント17　キャッシュフローの減少要因

売掛金は、後から回収するお金ですから、相手にお金を貸しているのと同じことになります。そのため、手元には現金がなく、キャッシュフローの減少要因となります。

ポイント18　自己資本比率

自己資本比率は、総資本に対する自己資本の比率を指します。比率が大きいほど、財務の安全性は高いと考えられます。

ポイント19　流動比率

流動比率が大きいことは、手元にある現金（キャッシュ）が多いことを意味します。したがって、支払能力も高くなります。

ポイント20　変動費率

変動費を、固定費ではなく売上高で割ると、変動費率が求められます。つまり正しくは、変動費率＝変動費÷売上高です。

問題 21

損益分岐点売上高＝固定費÷（1－変動費率）である。

問題 22

在庫回転率の算出式は、売上高÷平均在庫高×100である。

問題 23

品質管理において、測定値の存在する範囲をいくつかの区間に分け、各区間に入るデータの度数を棒グラフで表したものをパレート図という。

問題 24

ある商品を6,000個販売したところ、売上が6,000万円、利益が400万円となった。商品1個当たりの変動費が8,000円であるとき、固定費は1,200万円である。

問題 25

株式の予想値上がり幅が30円、20円、5円であり、確率がそれぞれ0.4、0.4、0.2であるとき、期待値は30×0.4＋20×0.4＋5×0.2＝21円である。

ポイント21 損益分岐点売上高

変動費率＝変動費÷売上高なので、損益分岐点売上高＝固定費÷{1−（変動費÷売上高）}と書き換えることができます。また、目標利益を達成する売上高は、（目標利益＋固定費）÷{1−（変動費÷売上高）}となります。

ポイント22 在庫回転率

在庫回転率は資本の効率を分析する指標の1つです。その値が高い方が、商品の仕入れから販売までの期間が短く、効率よく在庫管理が行われていることを示しています。

ポイント23 ヒストグラム

正しくは、ヒストグラムです。パレート図は、大きい順に並べた棒グラフと、それらの累積度数を表す折れ線グラフの組み合わせです。

ポイント24 固定費の計算

正しくは、800万円です。まず費用の総額（変動費＋固定費）は売上から利益を引くと求められるので、6,000万円−400万円＝5,600万円です。変動費は8,000円×6,000個＝4,800万円なので、5,600万円（費用の総額）−4,800万円（変動費）＝800万（固定費）となります。

ポイント25 期待値の計算

正しいです。期待値の定義は「（ある値×その確率）の合計」ですから、値上がり幅と確率をかけたものを合計します。

・・● 挑戦問題 ●・・

問題 1

ある小売業の当期の売上高は1,600万円、商品純仕入高は1,100万円であった。期首商品棚卸高が200万円、期末商品棚卸高が100万円であるとき、当期の売上総利益は400万円である。

＊＊

問題 2

A商品の年間の売上高が600万円、利益が100万円、固定費が200万円であるとき、A商品の損益分岐点売上高は500万円である。

問題 3

売上高4,000万円、年度末の在庫金額は500万円、売上総利益率は30%のとき、在庫回転期間は65である。

問題 4

販売価格1,000円の商品を10,000個売った場合は1,000千円、13,000個販売した場合は2,500千円の利益が見込めるなら、この商品の1個あたりの変動費は500円である。

ポイント1　売上総利益の計算

売上原価は、期首商品棚卸高＋当期純仕入高－期末商品棚卸高で計算するので、200万円＋1,100万円－100万円＝1,200万円です。売上総利益＝売上高－売上原価なので、答えは1,600万円－1,200万円＝400万円となります。　○

ポイント2　損益分岐点売上高の計算

正しくは、400万円です。まず、変動費＝売上高－利益－固定費なので、変動費は600万円－100万円－200万円＝300万円です。次に、変動費率＝変動費÷売上高なので、300万円÷600万円＝0.5が変動比率になります。最後に、損益分岐点売上高＝固定費÷（1－変動費率）なので、200万円÷（1－0.5）＝400万円が答えになります。　×

ポイント3　在庫回転期間の計算

在庫回転期間＝（期末の在庫金額÷売上原価）×365です。売上原価＝売上高×（100－売上総利益率）÷100より、売上原価は4,000万円×（100－30）÷100＝2,800万円ですので、在庫回転期間は（500万円÷2,800万円）×365＝65です。　○

ポイント4　変動費の計算

販売数は13,000－10,000＝3,000個増加しています。すると収入は1,000円×3,000個＝3,000千円増えるはずですが、実際には2,500千円－1,000千円＝1,500千円しか増えていませんから、差額の3,000千円－1,500千円＝1,500千円が変動費です。したがって、1個あたりの変動費は1,500千円÷3,000個＝500円になります。　○

● ● ● **基礎問題** ● ● ●

**
問題 1

法令遵守を目指す企業倫理に基づいた行動マニュアルや行動規範を制定することは、<u>コンプライアンス</u>の推進活動に関係する。

問題 2

内部通報の仕組みを作っても、<u>コンプライアンス</u>の確立には関係しない。

**
問題 3

<u>コーポレートガバナンス</u>とは、企業活動の健全性を維持する枠組みである。

問題 4

執行役員の業務成績は、<u>コーポレートガバナンス</u>に基づく統制を評価する対象である。

**
問題 5

専門誌に掲載された研究論文から<u>出典を明示せずに引用</u>しても、<u>著作権</u>を侵害するおそれはない。

問題 6

音楽番組を家庭でDVDに録画しても、録画者本人とその家族の範囲内で使用するのであれば、<u>著作権</u>を侵害するおそれはない。

ポイント1　コンプライアンス

コンプライアンス (Compliance) は、法令遵守という意味ですから、これはコンプライアンスの推進活動に関係します。コンプライアンスの推進活動には、従業員に対する法・ルールの教育などもあてはまります。

ポイント2　内部通報の仕組みとコンプライアンス

内部通報の仕組みを作れば法令違反を通報することができますから、コンプライアンスの確立に関係します。

ポイント3　コーポレートガバナンス

コーポレートガバナンス (Corporate Governance ＝企業統治) は、企業活動の健全性を維持する枠組みです。利害関係者の役割と権利の保護、経営者の規律や重要事項に対する透明性の確保などが含まれます。

ポイント4　コーポレートガバナンスの評価対象

執行役員の業務成績は、コーポレートガバナンスには関係ありません。コーポレートガバナンスに基づく統制を評価する対象としては、取締役会の実効性があります。

ポイント5　引用方法と著作権

引用をする場合は、出所とその引用箇所を明示しなければなりません。何もせずに引用した場合は、著作権を侵害するおそれがあります。

ポイント6　私的利用のための複製と著作権

録画者本人とその家族の範囲内での使用であれば、DVDに録画しても問題はありません。ただし、複製したものをWeb上に公開したりすれば、著作権を侵害することになります。

問題 7

行政機関が作成して公開している自治体の人口についての報告書を、当該機関に断りなく引用して公立高校の入学試験の問題を作成すれば、著作権を侵害するおそれがある。

 問題 8

開発したプログラムおよびそれを開発するために用いたアルゴリズムは、両方とも著作権法により保護される。

 問題 9

特段の取決めをせずにA社に対してB社がソフトウェア開発を委託した場合、ソフトウェアの著作権はすべてB社が保有する。

** **問題 10**

操作マニュアルやプロトコルも、著作権法による保護の対象となる。

 問題 11

著作者の権利である著作権が発生するのは、著作物を文化庁に登録したときである。

 問題 12

コピープロテクトを無効化する機能を持つプログラムの販売を禁止しているのは、著作権法である。

ポイント7　行政機関の文書と著作権

行政機関が作成して公開している文書は、公共のために広く利用される性質のものなので、自由に引用できるとされています。

ポイント8　プログラム・アルゴリズムと著作権

アルゴリズムは保護されません。プログラムは著作権法により保護されますが、プログラム言語それ自体は保護されません。

ポイント9　開発の委託と著作権

誤りです。著作権は、特段の取り決めがなければ、ソフトウェアを開発したＡ社が保有します。

ポイント10　プロトコルと著作権

操作マニュアルは文書ですから著作権法の対象となりますが、プロトコルは著作権法による保護の対象となりません。

ポイント11　著作権が発生する地点

正しくは、「著作物を創作したとき」です。著作権は、登録をせずとも創作した時点で自動的に発生します。この点は、特許権や意匠権などとは異なります。

ポイント12　コピープロテクトと著作権

ディジタルコンテンツのコピープロテクトは、ディジタルコンテンツに関する著作者の権利を保護するための技術なので、著作権法で保護されています。

問題 13 ＊＊

特許権とは、産業上利用することができる新規の発明を独占的・排他的に利用できる権利であり、我が国の法律では<u>最初の発明者</u>に与えられる権利である。

問題 14

工芸家がデザインし、職人が量産できる土産物の張子の牛は、<u>意匠権</u>による保護の対象となる。

問題 15 ＊＊

著作権は、<u>知的財産権</u>であるとともに<u>産業財産権</u>でもある。

問題 16

プライバシーマーク制度で評価されるマネジメントシステムが管理の対象とするのは、<u>営業秘密</u>である。

問題 17

従業員から提供を受けた<u>マイナンバー</u>を人事評価情報の管理番号として利用してもよい。

問題 18

他人の電子メールの利用者IDとパスワードを、本人に無断で正当な理由なしに第三者に提供することは、<u>不正アクセス禁止法</u>において規制されている。

ポイント13 特許権

最初の発明者ではなく、最初の出願者に与えられる権利です。二人が同時に同じものを発明したとき、特許庁に先に出願した人の勝ちになります。また、特許権の存続期間は出願日から20年です。

ポイント14 意匠権

意匠権はデザインを保護の対象とするため、工芸家によってデザインされた土産物は意匠権によって保護されます。

ポイント15 知的財産権と産業財産権

著作権は、知的財産権ですが、産業財産権ではありません。産業財産権とは、特許権・実用新案権・意匠権・商標権の4つをいいます。これらは知的財産権でもあります。

ポイント16 プライバシーマーク制度

営業秘密ではなく、個人情報を管理の対象とします。プライバシーマーク制度は、個人情報について適切な保護措置を講ずる体制を整備している事業者などを評価します。

ポイント17 マイナンバー

マイナンバーは、管理番号として利用してはいけません。税務署に提出する調書に記載するものです。

ポイント18 不正アクセス禁止法

そのほか、ネットワークに接続されアクセスが制限されているコンピュータに対して、システムのセキュリティ上の弱点を突いて侵入する行為も、不正アクセス禁止法において規制されています。

問題 19 □□□
サイバーセキュリティ基本法は、社会インフラとなっている情報通信ネットワークや情報システムへの脅威に対する防御施策を定めている。

問題 20 □□□
受信した電子メールの添付ファイルによってウイルスに感染させられた場合、プロバイダ責任制限法によりプロバイダの対応責任の対象となり得る。

問題 21 □□□ ＊＊
第三者から、営業秘密となっている他社の技術情報を不正に入手する行為は、刑法により規制されている。

問題 22 □□□
勤務先の法令違反行為の通報に関して、通報の内容に応じた報奨金は、公益通報者保護法で規定されている。

問題 23 □□□
商品の販売業務を行う労働者の就業形態のうち、契約社員は販売業務を行う会社と雇用関係を結ぶが、派遣社員と販売業務を行う会社との間に雇用関係はない。

問題 24 □□□ ＊＊
B社がA社から請け負った業務を再委託先のD社で行うために、C社からの派遣労働者をD社に派遣することは、労働者派遣法で禁止されている。

ポイント19　サイバーセキュリティ基本法

サイバーセキュリティ基本法は、防御施策そのものではなく、防御施策を効果的に推進するための政府組織の設置などを定めています。

ポイント20　プロバイダ責任制限法

この場合は、プロバイダに責任はありません。プロバイダ責任制限法によりプロバイダの対応責任の対象となり得るのは、例えば、個人情報（氏名など）が書込みサイトに掲載されて個人の権利が侵害された場合などです。

ポイント21　不正競争防止法

刑法ではなく、不正競争防止法で規制されています。なお、営業秘密であるためには、事業活動に有用であって、公然と知られておらず、秘密として管理されている必要があります。

ポイント22　公益通報者保護法と報奨金

報奨金は規定されていません。公益通報者保護法には、通報したことを理由とした解雇を無効とすることなどが規定されています。

ポイント23　契約社員・派遣社員の雇用関係

契約社員は販売業務を行う会社と契約しますが、派遣社員は派遣会社（派遣元）と契約します。

ポイント24　二重派遣

これを二重派遣といい、労働者派遣法で禁止されています。

問題 25 ★★

PL法（製造物責任法）によると、損害の原因が製造物の欠陥によるものと証明されれば、顧客の損害に対する賠償責任が製造者に生じる。

問題 26

一定の条件に該当する会社に対して、取締役の職務に関するコンプライアンスを確保するための体制整備を義務付けているのは、民法である。

問題 27

フレックスタイム制では、上司による労働時間の管理は不要である。

問題 28

情報セキュリティマネジメントシステムや品質マネジメントシステムなどの標準化を行っている国際標準化機構は、ANSIである。

問題 29

ISOが定めた環境マネジメントシステムの国際規格は、ISO 9000である。

問題 30

ISO 27000は、情報セキュリティマネジメントシステムに関する国際規格の総称である。

ポイント25 PL法

PL法では製造者の悪意や管理不備などは関係なく、損害の原因が製造物の欠陥によるものと証明されれば製造者に賠償責任が生じます。

ポイント26 会社法

民法ではなく、会社法という法律によって義務付けられています。

ポイント27 フレックスタイム制

フレックスタイム制でも、上司による労働時間の管理は必要です。フレックスタイム制では、労働者自身が始業と終業の時間を決めますが、コアタイムの時間帯は、勤務する必要があるからです。

ポイント28 ISO

正しくは、ISO (International Organization for Standardization＝国際標準化機構) です。ANSI (American National Standards Institute) は、米国国家規格協会です。

ポイント29 ISO 9000とISO 14000

ISO 9000は、環境ではなく、品質マネジメントシステムの国際規格です。これは、9000の9がQuality（品質）のQに通じることから覚えます。一方、環境マネジメントシステムの国際規格は、ISO 14000です。これは、境の字の画数が14画であることで覚えます。

ポイント30 ISO 27000

ISO 27000は、情報セキュリティマネジメントシステムに関して定めたものです。また、日本産業規格（JIS）版として、JIS Q 27001などがあります。

問題 31 ★★

オプトインとは、広告宣伝メールの送付や個人情報の取得を、あらかじめ明示的に同意を得た相手だけに行うことである。

問題 32

イーサネットのLANや無線LANなどに関する標準化活動を推進している米国の学会は、IEEEである。

問題 33

ISPは、インターネットに接続する通信ネットワークを提供する事業者である。

問題 34

図書を特定するために世界標準として使用されているコードは、JANコードである。

問題 35

JISは、ISOなど、国際的な規格との整合性には配慮していない。

問題 36

持続可能な世界を実現するために国連が採択した、2030年までに達成されるべき開発目標を示す言葉は、SDGsである。

ポイント31 オプトインとオプトアウト

オプトインはコンプライアンスにのっとった手法です。この
逆をオプトアウトといいます。

ポイント32 IEEE

IEEEは「アイ・トリプル・イー」と読み、Institute of Elec
trical and Electronics Engineersの略で、米国電気電
子学会または米国電気電子技術者協会と呼ばれます。

ポイント33 ISP

ISPは、Internet Service Providerの略で、プロバイダ
と呼ばれます。

ポイント34 ISBNコード

図書を特定するのは、ISBN (International Standard
Book Number) コードです。JAN (Japan Article Num
ber) コードは、一般的な商品に付いているバーコードです。

ポイント35 JIS

JISは、国際的な規格との整合性に配慮しています。なお、
JIS (Japan Industrial Standards) は日本工業規格、ISO
(International Organization for Standardization) は
国際標準化機構です。

ポイント36 SDGs

SDGsは、「エスディージーズ」と読み、Sustainable
Development Goals (持続可能な開発目標) の略です。

問題 1

コーポレートガバナンスを強化するためには、社外取締役は不要である。

問題 2

PCのオペレーティングシステムを構成するプログラムを知的財産として保護する法律は、回路配置法である。

問題 3

事業者の信用維持や需要者の混同を回避するために、更新の申請を繰り返すことによって実質的に永続的な権利保有が可能な工業所有権は、実用新案権である。

問題 4

公益通報者保護法によって通報者が保護されるためには、通報内容が勤務先に関わるものであることが条件であり、通報内容がプライベート（私的）なものは含まれない。

問題 5

POSシステムやSCMシステムにJANコードを採用するのは、商品を表すコードの長さを企業が任意に設定できるので、新商品の発売や既存商品の改廃への対応が容易だからである。

ポイント1　**コーポレートガバナンスと社外取締役**

コーポレートガバナンスを強化するためには社外取締役を積極的に登用します。社外取締役は独立性が高く、経営の意思決定プロセスを監視・監督することができるからです。

ポイント2　**著作権法と回路配置法**

プログラムには著作権があり、著作権法によって保護されます。回路配置法は、半導体集積回路の回路配置についての知的財産を保護の対象としています。

ポイント3　**商標権と実用新案権**

事業者の信用維持や需要者の混同を回避するために更新の申請を繰り返すのは、商標権です。実用新案権は、発明というほどではない考案についてのものです。

ポイント4　**公益通報者保護法と通報内容**

通報内容が犯罪行為に関わるものであれば、プライベートなものであっても公益通報者保護法によって保護されます。なお、通報は口頭でも構いませんし、将来的に発生し得ることの通報でも構いません。

ポイント5　**JANコードのメリット**

JANコードは、13桁の標準タイプと、8桁の短縮タイプがあり、企業が任意に設定することはできません。正しい理由は、企業間でのコードの重複がなく、コードの一意性が担保されているので、自社のシステムで多くの企業の商品を取り扱うことが容易だからです。

問題 **1**　前期と当期の損益計算書を比較したとき、前期から当期における変化の説明として、適切なものはどれか。

単位　百万円

科目	前期	当期
売上高	7,500	9,000
売上原価	6,000	7,000
販売費及び一般管理費	1,000	1,000
営業外収益	160	150
営業外費用	110	50
特別利益	10	0
特別損失	10	0
法人税，住民税及び事業税	250	500

ア 売上総利益が1,500百万円増となった。

イ 営業利益が50%増となった。

ウ 経常利益が2倍となった。

エ 当期純利益は増減しなかった。

（平成30年度春期　問19）

解答1　**ウ**

アについて。売上総利益＝売上高－売上原価で、前期＝7,500－6,000＝1,500、当期＝9,000－7,000＝2,000ですから、1,500百万円ではなく、500百万円増です。

イについて。営業利益＝売上総利益－販売費及び一般管理費で、前期＝1,500－1,000＝500、当期＝2,000－1,000＝1,000ですから、2倍であって50%増ではありません。

ウについて。経常利益＝営業利益＋営業外収益－営業外費用であり、前期＝500＋160－110＝550、当期＝1,000＋150－50＝1,100ですから、1,100÷550＝2倍になっています。

エについて。税引前当期純利益＝経常利益＋特別利益－特別損失で、前期＝550＋10－10＝550、当期＝1,100＋0－0＝1,100です。そして、当期純利益＝税引前当期純利益－法人税等（法人税、住民税及び事業税）で、前期＝550－250＝300、当期＝1,100－500＝600ですから、増加しています。

以上より、正しいのは**ウ**です。なお、損益計算書のそれぞれの利益は、上から順に売上総利益、営業利益、経常利益、税引前当期純利益ですから、順に売上AKB（売上総利益の売上、営業利益の営、経常利益の経、税引前当期純利益の引）と覚えます。

これだけは覚えておきたい重要単語

- [ ] プロジェクト組織は、期間限定
- [ ] 事業部制組織は、市場や製品ごとに社内組織を分割した利益責任単位
- [ ] マトリクス組織は、2人またはそれ以上の上司から指揮命令を受ける可能性がある
- [ ] 職能別組織は、専門分野ごとに分かれた一般的な組織
- [ ] フレックスタイム制では、労働者自身が始業と終業の時間を決める
- [ ] CIOは、最高情報責任者
- [ ] ROE（自己資本利益率）＝（当期純利益÷自己資本）×100
- [ ] 売上高営業利益率＝（営業利益÷売上高）×100
- [ ] ROA（総資産利益率）＝（当期純利益÷総資産）×100
- [ ] 売上原価＝期首商品棚卸高＋当期純仕入高－期末商品棚卸高
- [ ] 自己資本比率は、数値が大きいほど財務の安全性が高い
- [ ] 流動比率は、数値が大きいほど支払能力が高い
- [ ] 損益分岐点売上高＝固定費÷（1－変動費率）＝固定費÷{1－（変動費÷売上高）}
- [ ] コーポレートガバナンスは、企業を統制し、監視する仕組み
- [ ] コンプライアンスは、法令遵守
- [ ] 産業財産権には、特許権・実用新案権・意匠権・商標権がある
- [ ] プライバシーマーク制度は、個人情報に関係する
- [ ] 二重派遣は、労働者派遣法で禁止
- [ ] ワークライフバランスは、仕事と生活の調和
- [ ] ダイバーシティは、多様性
- [ ] IEEEは、米国電気電子学会または米国電気電子技術者協会
- [ ] オプトインは、あらかじめ同意した人に対してのみ広告メールなどを送付

第 | 2 | 章

ストラテジ系
経営戦略

ストラテジ系の経営戦略では、経営戦略そのものとビジネスインダストリについて学びます。

企業には、必ず競争相手がいます。

ここでは、いかに競争力を高めて競争相手に打ち勝つかという考え方を学びます。PPMやSWOT、プロダクトライフサイクルはよく出題されます。その他にもCSRやマーケティングの4P・4Cなど、カタカナ言葉やアルファベットの頭文字がたくさん出てきます。

ビジネスインダストリでは、POSやRFID、そしていくつかのエンジニアリングシステムを覚えます。

POINT

① 経営戦略

・・・ 基礎問題 ・・・

2 ストラテジ系　経営戦略

問題1　マーケティング戦略の策定において、ポジショニングとは、競合他社製品と自社製品とを比較するときに、差別化するポイントを明確にすることである。

問題2　自社の流通センタ付近の小学校で、一般的な食料品の流通プロセスをわかりやすく説明している小売業A社の背景にある考え方は、アライアンスである。

問題3　バランススコアカードを使用して戦略を立案するとき、策定した戦略目標ごとに、その実現のために明確化するのが、重要成功要因である。

＊＊ 問題4　Just In Timeの導入により、顧客との長期的な関係の構築が期待できる。

＊＊ 問題5　資金投資の自社の製品群に対する優先度を検討するため、競争力と将来性によって製品をグループ分けするとき用いる分析手法は、RFM分析である。

問題6　経営資源の、自社の複数の事業への配分を最適化するために用いられるPPMの評価軸は、強み・弱みと機会・脅威である。

ポイント1　ポジショニング

ポジショニングでは、差別化するポイントを明確にすることで、自社製品が顧客の記憶に残りやすいようにします。

ポイント2　CSR

正しくは、CSR（Corporate Social Responsibility＝企業の社会的責任）です。アライアンス（Alliance）とは、企業同士の提携を意味します。

ポイント3　重要成功要因

重要成功要因は、CSF（Critical Success Factor）またはKSF（Key Success Factor）です。また、主要成功要因と訳されることもあります。

ポイント4　CRM

顧客との長期的な関係の構築は、CRM（Customer Relationship Management＝顧客関係管理）です。Just In Time（ジャストインタイム＝JIT）では、半製品や部品在庫数を削減します。

ポイント5　PPM

正しくは、PPM（Product Portfolio Management）です。RFM分析は、顧客の購買行動を分析する手法です。

ポイント6　PPMの評価軸

正しくは、市場成長率と市場シェアです。強み・弱みと機会・脅威に分けるのは、SWOT分析です。

問題 7 ★★

PPMの目的は、市場に投入した製品が「導入期」、「成長期」、「成熟期」、「衰退期」のどの段階にあるかを見極め、適切な販売促進戦略を策定することである。

問題 8

市場と製品がそれぞれ既存のものか、新規のものかで、事業戦略を4つに分類するとき、「市場浸透」の事例としては、日用品メーカが、店頭販売員を増員して基幹商品の販売を拡大することがある。

問題 9

バリューチェーンとは、付加価値（企業が提供するサービスや製品の）が事業活動のどの部分で生み出されているかを分析するための考え方である。

問題 10 ★★

SWOT分析のうち、全国をカバーする自社の小売店舗網は、機会に該当する。

問題 11

原料の調達から生産、販売などの広い範囲を考慮に入れた上での物流の最適化を目指す考え方をロジスティクスという。

問題 12

BSCでは、帳簿の貸方と借方が、常にバランスした金額になるように記帳する。

ポイント7　プロダクトライフサイクル

これは、プロダクトライフサイクルのことです。PPMの目的は、複数の事業や製品を市場成長率と市場シェアの視点から見極め、最適な経営資源の配分を行うことです。

ポイント8　アンゾフの成長マトリクス

これを、アンゾフの成長マトリクスといい、4つの分類としては、市場浸透、新製品開発、市場開拓、多角化があります。

ポイント9　バリューチェーン

バリューチェーン（Value Chain）により、どの業務に力を入れ、どの部分は外注でもよいかという経営判断が可能です。

ポイント10　SWOT分析

自社の小売店舗網は、機会ではなく、強みに該当します。例えば、業界の規制緩和なら、機会に該当します。

ポイント11　ロジスティクス

ロジスティクス（Logistics）は物流管理ともいい、物流を管理、合理化することを意味します。

ポイント12　簿記

このように記帳するのは、簿記（Book Keeping）です。BSC（Balanced Score Card）では、財務、顧客、内部ビジネスプロセス、学習と成長の4つの視点に基づいて戦略策定や業績評価を行います。

問題 13 ✱✱

BSCを導入する目的は、短期的な財務成果に偏らない複数の視点から、戦略策定や業績評価を行うことである。

問題 14

KPIは、企業目標の達成に向けて行われる活動の実行状況を計るために設定する、重要な指標である。

問題 15 ✱✱

企業の業務運営におけるPDCAサイクルのなかで、業務の実行状況をKPIに基づいて測定、評価するのは、Dである。

問題 16 ✱✱

他社との組織的統合をせずに、他社の優れた技術によって、自社にない技術や自社の技術の弱い部分を補完するときに用いる戦略は、M&Aである。

問題 17 ✱✱

マーケティングミックスにおける売り手から見た要素は4Pであるが、これに対応する買い手から見た要素は4Cである。

問題 18

海外から買い付けた商品の販売拡大を目的として、大手商社が大手小売店を子会社とするのは、垂直統合の事例である。

ポイント13 BSC
BSCは4つの視点（財務、顧客、内部ビジネスプロセス、学習と成長）に基づくので、非財務的尺度を含んだ複数の視点から戦略策定や業績評価を行うことできます。

ポイント14 KPI
KPI（Key Performance Indicator）は、重要業績評価指標とも訳されます。

ポイント15 PDCAサイクル
PDCAサイクルはそれぞれ、Plan(計画)、Do(実行)、Check(評価)、Act(改善)です。したがって、KPI(重要業績評価指標)に基づいて業務を評価するのはCです。

ポイント16 アライアンス
正しくは、アライアンス（Alliance＝提携）です。M&A（Merger and Acquisition＝合併と買収）でも技術の補完は可能ですが、他社との組織的統合をすることになります。

ポイント17 4Pと4C
4Pは、製品(Product)、価格(Price)、流通(Place)、販売促進(Promotion)で、4Cは顧客にとっての価値(Customer Value)、顧客の負担(Cost)、顧客の利便性(Convenience)、顧客との対話(Communication)です。

ポイント18 垂直統合
垂直統合では、合併や買収により、開発から生産、販売までのすべての工程を一体化し、中間コストを省きます。ただし、初期コストが大きいですから、リスクはあります。

問題 19　異質、多様な人材の価値観、経験、能力を、企業が受け入れることで、組織全体の活性化、価値創造力の向上を図るマネジメント手法を、<u>バリューチェーンマネジメント</u>という。

問題 20　<u>バリューエンジニアリング</u>では、機能とコストの関係でサービスや製品の価値を分析しコスト削減および品質や機能の向上などにより、その価値を高める。

問題 21　<u>SCM</u>システムは、企業内の個人が持つ営業に関する知識やノウハウを収集し、共有することによって効率的、効果的な営業活動を支援するシステムである。

問題 22　一連のプロセスにおける<u>ボトルネック</u>の解消などによって、プロセス全体の最適化を図ることを目的とする考え方を、<u>TCO</u>という。

問題 23　生産・販売・調達・経理・人事といった全社の業務を統合的に管理し、企業全体の経営資源の最適化を図るために構築する情報システムとしては、<u>HRM</u>システムが適している。

ポイント 19 ダイバーシティマネジメント

正しくは、ダイバーシティマネジメントです。バリューチェーンマネジメントは、事業活動のどの部分で付加価値が生み出されているかを分析します。

ポイント 20 バリューエンジニアリング

バリューエンジニアリング (Value Engineering) は価値工学と訳されます。消費者の立場から、製品を購入してから廃棄するまでに要する費用をコストとして、製品の価値を分析します。

ポイント 21 SFA

効果的な営業活動を支援するシステムは、SFAシステムです。SCM (Supply Chain Management) は供給連鎖管理ともいい、調達から製造、配送および販売に至る一連のプロセスの最適化を目指します。

ポイント 22 TOC

正しくは、TOC (Theory Of Constraints ＝制約理論) であり、SCM (Supply Chain Management) で用いられる理論です。TCO (Total Cost of Ownership) は、総保有コストのことです。

ポイント 23 ERP

全社の業務を統合的に管理しますから、ERP (Enterprise Resource Planning ＝企業資源計画) システムが適しています。HRM (Human Resource Management) システムは、人的資源管理です。

問題 24 ★★
M&Aでは、自社に不足している機能を企業買収などによって他社から取り込み、事業展開を速めることになる。

問題 25
消費者のニーズに合致するような形態で商品を提供するために行う一連の活動（店舗での陳列、販促キャンペーンなど）を示す用語は、ロジスティックスである。

問題 26 ★★
RFM分析は、データベース化された顧客情報を活用して、優良顧客を抽出する方法である。

問題 27
一人一人のニーズを把握し、それを充足する製品やサービスを提供しようとするマーケティング手法を、マスマーケティングという。

問題 28
オピニオンリーダと呼ばれる消費者は、販売初期の段階で新商品を購入し、その商品に関する情報を知人や友人に伝える。

問題 29
競争のない新たな市場を開拓する戦略をレッドオーシャン戦略という。

ポイント24 M&A

そのとおりです。ただし、M&A（Merger and Acquisition＝合併と買収）は垂直統合でもあるので、初期投資は大きくなります。

ポイント25 マーチャンダイジング

本問に該当するのは、マーチャンダイジング（Merchandising）で、商品政策や商品化計画などと訳されます。ロジスティクス（Logistics）は直訳で、物流を意味します。

ポイント26 RFM分析

RFM分析では、購入履歴のRecency（最終購買日）、Frequency（購買頻度）、Monetary（累計購買金額）の3つに着目して分析します。

ポイント27 ワントゥワンマーケティング

正しくは、ワントゥワンマーケティング（One to One Marketing＝1対1のマーケティング）です。マスマーケティング（Mass Marketing）は、すべての消費者に対して同じ手法で行います。

ポイント28 オピニオンリーダ

オピニオンリーダ（Opinion Leader）のOpinionは意見や世論、Leaderは指導者という意味です。集団の意思形成や世論に多大な影響をおよぼす人のことを、オピニオンリーダといいます。

ポイント29 ブルーオーシャン戦略

正しくは、ブルーオーシャン戦略です。穏やかなイメージのブルーオーシャンとは反対に、レッドオーシャンは複数の競合製品が血みどろの争いを繰り広げている状態です。

問題 30 ★★

利益の追求だけでなく、社会に対する貢献や地球環境の保護などの社会課題を認識して取り組むという企業活動の基本となる考え方を<u>MBO</u>という。

問題 31

経営者や社員が自ら、ビジネスに関わるあらゆる情報を蓄積・分析し、分析結果を経営や事業推進に役立てるといった概念を、<u>AI</u>という。

問題 32

<u>コモディティ化</u>とは、新商品を投入して最初は良く売れても、次第に他社商品が追随して機能の差別化がなくなり、最終的に低価格化競争に陥ってしまうことである。

問題 33

A社では、工場で長期間排水処理を担当してきた社員の経験やノウハウを文書化して蓄積することで、日常の排水処理業務に対応するとともに、新たな処理設備の設計に活かしている。この事例の考え方を、<u>ナレッジマネジメント</u>という。

ポイント30　MBO

MBO（Management Buy Out＝マネジメントバイアウト）
は、経営陣が自社株を買い取り、経営権を株主から取得す
ることなので、誤りです。問題文は、CSR（Corporate
Social Responsibility＝企業の社会的責任）の説明です。

ポイント31　BI

AI（Artificial Intelligence＝人工知能）ではなく、BI
（Business Intelligence＝ビジネスインテリジェンス）で
す。BIでは、経営者や社員が自ら分析するので、専門業者
を使わず、迅速に意思決定が行われます。

ポイント32　コモディティ化

コモディティ（Commodity）には（ブランド品ではない）日
用品という意味があります。コモディティ化は、企業の商
品戦略上留意すべき事象です。

ポイント33　ナレッジマネジメント

ナレッジマネジメント（Knowledge Management）とは、
個人がもっている暗黙知を形式知に変換し、知識を共有す
ることです。そして、作業の効率化を図ります。

• • • 挑戦問題 • • •

問題 1

ある製造販売会社の経営戦略の策定において、取引先との協力の下で、「調達から製造、配送および販売に至る一連のプロセスの最適化」という戦略目標が掲げられた。この戦略目標を実現するために構築する情報システムとしては、SCMが適切である。

問題 2

ERPパッケージは、種々の業務関連アプリケーションを処理する統合業務システムであるが、個人商店などの小規模企業での利用に特化したシステムである。

問題 3

事業コストを低減する方策として、規模の経済や範囲の経済を追求する方法があるが、範囲の経済の追求に基づくコスト低減策としては、共通の基盤技術を利用して複数の事業を行うことがある。

問題 4

PPMにおける利益や資金の有効な源となる「金のなる木」と名付けられた領域は、自社のマーケットシェアと市場成長率がともに高い事業である。

ポイント1 SCMによる全体最適化

SCMのポイントは、全体最適化です。原材料の調達から生産、販売に関する情報を、企業内や企業間で共有・管理することで、ビジネスプロセスの全体最適化を目指します。

ポイント2 ERPパッケージ

ERPパッケージは、確かに統合業務システムですが、小規模企業での利用に特化したシステムではなく、さまざまな業種および規模の企業で利用されています。

ポイント3 範囲の経済と規模の経済

範囲の経済とは、事業や製品の多角化を説明する論理で、複数の企業が複数の事業を行うよりも、単一の企業がまとめて行った方が効率が良いことを意味します。一方、規模の経済とは、生産量が増加するとコストが下がって収益がアップすることを指します。

ポイント4 PPMの分類

両方ともに高いのは、「花形」です。「金のなる木」は、自社のマーケットシェアは高いですが、市場成長率は低いです。

② ビジネスインダストリ

• • • 基礎問題 • • •

問題 1
技術革新や画期的なビジネスモデルの創出などの意味で用いられることがある用語は、マイグレーションである。

問題 2
イノベーションは、大きくプロダクトイノベーションとプロセスイノベーションに分けることができる。

★★ 問題 3
MOTは、技術開発戦略の立案、技術開発計画の策定などを行うマネジメント分野である。

問題 4
技術ポートフォリオとは、市場における自社の技術の位置づけを、技術の成熟度や技術水準を軸にしたマトリックスに示したものである。

問題 5
技術ロードマップ(技術開発戦略に基づいて、技術開発計画を進めるときなどに用いられる)は、技術者の短期的な業績管理に向いている。

問題 6
デザイン思考とは、アプローチの中心に製品やサービスの利用者を置き、利用者の本質的なニーズに基づいて製品やサービスをデザインすることなどを意味する。

ポイント1 イノベーション

正しくは、革新を意味するイノベーション (Innovation) です。マイグレーション (Migration) は、移行や乗り換えという意味です。

ポイント2 プロダクトイノベーション

プロダクトイノベーション (Product Innovation) は、製品そのものの技術革新です。一方、プロセスイノベーション (Process Innovation) は製造や開発の過程の技術革新です。

ポイント3 MOT

MOT (Management Of Technology) は技術経営とも訳され、技術革新を効果的に自社のビジネスに結び付けて企業の成長を図ることを目的とします。

ポイント4 技術ポートフォリオ

技術ポートフォリオ (Portfolio) は、技術開発戦略の策定に当たり、分析を行うために用います。

ポイント5 技術ロードマップ

技術ロードマップは、短期的ではなく、長期的な業績管理に向いています。また、時間軸を考慮した技術投資の予算および人材配分の計画がしやすいです。

ポイント6 デザイン思考

デザイン思考とは、利用者の本質的なニーズを出発点として評価・改善を繰り返す、問題解決の思考法のことです。

インターネットの検索エンジンの検索結果で、自社のWebサイトの表示順位を、できるだけ上位にしようとするための手法や技法の総称を、SNSという。

**
e-ビジネスでは、ロングテールの考え方に基づき、販売見込み数がかなり少ない商品を幅広く取扱い、インターネットで販売する。

電子商取引の商品と代金の受け渡しの際、買い手と売り手の間に信頼のおける第三者が介在することで、取引の安全性を高めるサービスをエスクローという。

クラウドコンピューティングは、インターネットの通信プロトコルである。

クラウドファンディングは、インターネットなどを通じて、不特定多数の人から、寄付を集めたりすることを意味する。

見込生産方式と比較すると、受注生産方式の特徴は、製品の在庫不足によって、受注機会を損失するリスクを伴うことである。

ポイント7　SEO

正しくは、SEO（Search Engine Optimization）です。Web
ページ内に適切なキーワードを盛り込んだり、HTMLやリン
クの内容を工夫したりします。SNS（Social Networking
Service）は、FacebookやTwitterなどのことを指します。

ポイント8　ロングテール

e-ビジネスは実店舗を持たずに展開でき、家賃があまりか
かりません。そのため、販売見込み数が少ない商品を幅広
く取扱うことができます。この商品の種類と数量の関係を
グラフで表すと、ロングテール（恐竜のしっぽ）に見えます。

ポイント9　エスクロー

エスクロー（Escrow）は、第三者預託と訳されます。ネッ
トオークションで、代金だけを受け取って商品を渡さずに
逃げるような詐欺を防ぎます。

ポイント10　クラウドコンピューティング

正しくは、コンピュータ資源の提供に関するサービスモデル
です。クラウド（Cloud）は雲のことで、インターネットを意味
します。インターネットの通信プロトコルは、TCP/IPです。

ポイント11　クラウドファンディング

クラウドファンディングは、Crowd（群衆）とFunding（資
金調達）を組み合わせた造語で、不特定多数の人が財源の
協力を行います。

ポイント12　見込生産方式と受注生産方式

これは、見込生産方式の特徴です。受注生産方式では、
受注時点で製品の出荷はできませんが、製品が在庫過剰・
在庫不足になるリスクはありません。

問題 13 電子商取引（インターネットショッピング）において、個人の商品の購入履歴やアクセスしたWebページの閲覧履歴を分析し、関心のありそうな情報を表示して別商品の購入を促すマーケティング手法を、オークションという。

問題 14 電子商取引に関するモデルのうち、従業員に連絡や各種の社内手続、情報、福利厚生サービスなどを提供するシステムは、B to Cモデルの例である。

問題 15 工程間で情報を共有し、前工程が完了しないうちに、着手可能なものから後工程の作業を始めることを、ジャストインタイムという。

問題 16 営業部門の組織力強化や営業活動の効率化を実現するために導入する情報システムとしては、SFAが適している。

問題 17 販売時点で、商品コードや購入者の属性などのデータを読み取ったりキー入力したりすることで、販売管理や在庫管理に必要な情報を収集するシステムは、POSシステムである。

ポイント13 レコメンデーション

正しくは、レコメンデーション (Recommendation＝おすすめ) です。オークション (Auction) は、競売です。

×

ポイント14 B to E

これは、B to Eの例であり、B to Cモデルの例としては、楽天やアマゾンといった一般的な消費者の購入活動があります。B (Business) は企業、C (Consumer) は消費者、E (Employee) は従業員です。他に、G (Government＝政府・自治体) もあります。

×

ポイント15 コンカレントエンジニアリング

正しくは、コンカレントエンジニアリング (Concurrent Engineering) といい、Concurrentには「同時に実行可能」という意味があります。ジャストインタイム (Just In Time＝JIT) は、必要なときに必要な量だけを生産する生産方式です。

×

ポイント16 SFA

SFA (Sales Force Automation) は営業支援システムで、知識やノウハウの共有を促し、営業活動を効率化します。

○

ポイント17 POS

POS (Point Of Sales) は、販売時点管理ともいいます。これにより、売れ筋商品と死に筋商品が分かり、また在庫が減少した商品を自動発注することも可能です。

○

問題 18 ▪▪▪
特定の目的の達成や課題の解決をテーマとして、ソフトウェアの開発者や企画者などが短期集中的にアイデアを出し合い、ソフトウェア開発などの共同作業を行い、成果を競い合うイベントを、コンベンションという。

問題 19 ▪▪▪
飲み薬の容器にセンサを埋め込み、薬局がインターネット経由で服用履歴を管理するのは、IoTの事例である。

問題 20 ▪▪▪
エッジコンピューティングは、IoTデバイスとIoTサーバ間の通信負荷の状況に応じて、ネットワークの構成を自動的に最適化する。

問題 21 ▪▪▪
金融業においてIT技術を活用して、これまでにない革新的なサービスを開拓する取り組みを、フィンテックという。

問題 22 ▪▪▪
ディープラーニングとは、組織内の各個人が持つ知識やノウハウを組織全体で共有し、有効活用する仕組みである。

問題 23 ▪▪▪
高度で非定型な判断だけを、人間の代わりに自動で行うソフトウェアは、RPA（Robotic Process Automation）の例である。

ポイント18　ハッカソン

本問に該当するのは、ハッカソンで、Hack（巧妙に改造する）とMarathon（マラソン）を組み合わせた造語です。コンベンション（Convention）は、何らかの集会などを指します。

ポイント19　IoT

IoT（Internet of Things）は「モノのインターネット」と訳され、本問のようにセンサを搭載した機器や制御装置などが直接インターネットにつながり、それらがネットワークを通じてさまざまな情報をやり取りする仕組みです。

ポイント20　エッジコンピューティング

これは、SDNのことです。エッジコンピューティングは、IoTデバイス群の近くにコンピュータを配置して、IoTサーバの負荷軽減とIoTシステムのリアルタイム性向上を図ります。

ポイント21　フィンテック

フィンテック（FinTech）は造語で、FinはFinance（金融）の略、TechはTechnology（技術）の略です。

ポイント22　ディープラーニング

ディープラーニング（Deep Learning）は、大量のデータを人間の脳神経回路を模したモデル（ニューラルネットワーク）で解析することにより、コンピュータがデータの特徴を抽出、学習する技術なので、誤りです。問題文は、ナレッジマネジメント（Knowledge Management）のことです。

ポイント23　RPA

RPAでは、非定型ではなく、あくまでも定型的な業務だけを対象にします。ソフトウェアである点は正しく、Roboticとなっていますが、形のあるロボットではありません。

問題 1
受発注や決済などの業務で、ネットワークを利用して企業間でデータをやり取りするものを、CDNという。

問題 2
製品の開発から出荷までの工程を開発、生産計画、製造、出荷とするとき、FMSの導入によって省力化、高効率化できる工程は、開発である。

問題 3 ＊＊
CADとは、コンピュータを利用して製造作業を行うことである。

問題 4
POSレジにおけるバーコードの読取りは、ICタグを使用した機能の事例である。

問題 5 ＊＊
RFIDを活用することにより、配送荷物に電子タグを装着し、荷物の輸送履歴に関する情報の確認を行うことができる。

問題 6
今後の商圏人口変化の予測パターンと商品ごとの過去10年間の年間販売実績額から、向こう2年間の販売予測額を求めるといった問題は、シミュレーションを適用するのがよい。

ポイント1 EDI

正しくは、EDI(Electronic Data Interchange＝電子データ交換）です。CDN(Content Delivery Network）は、コンテンツ配信網です。

ポイント2 FMS

FMS(Flexible Manufacturing System）は、フレキシブル生産システムですから、省力化、高効率化できるのは生産工程です。開発はDevelopmentです。

ポイント3 CAM（キャム）とCAD（キャド）

コンピュータを利用して製造作業を行うのは、CAM(Computer Aided Manufacturing＝コンピュータ支援製造）です。CAD(Computer Aided Design＝コンピュータ支援設計）は、コンピュータを利用して設計や製図を行うことです。

ポイント4 ICタグ

バーコードの読取りは、赤外線で行います。ICタグは、情報を記録した小さなチップで、無線で読み取ります。これを使用した機能の事例としては、例えば、図書館の盗難防止ゲートでの持出しの監視があります。

ポイント5 RFID

RFID(Radio Frequency Identifier）は、RFタグのデータを電波で（非接触で）読み書きします。JR東日本のSuicaなどのICカードで使われている技術です。

ポイント6 シミュレーション

シミュレーション(Simulation）とは、何らかの挙動をコンピュータで模倣することで、模擬実験とも呼ばれます。

問題 **1** 組込みシステムに求められる特性のうち、与えられた時間で一定の処理を完了させなければならないことを意味するものはどれか。

ア 安全性　　　　**イ** 信頼性
ウ リアルタイム性　**エ** リソース制約

（平成24年度秋期　問16）

問題 **2** PCの生産などに利用されるBTOの説明として、最も適切なものはどれか。

ア 自社のロゴを取り付けた製品を他社に組み立てさせる。

イ 製品を完成品ではなく部品の形で保存しておき、顧客の注文を受けてから、注文内容に応じた製品を組み立てる。

ウ 必要な時期に必要な量の原材料や部品を調達することによって、生産工程間の在庫をできるだけもたずに生産する。

エ 一つの製品を1人の作業者だけで組み立てる。

（平成25年度春期　問15）

解答1 ウ

この問題は、時間がキーワードであることに着目します。ウのリアルタイム性とは同時性のことで、他に時間に関係するものはありません。

安全性や信頼性も大事ですが、「与えられた時間で一定の処理を完了させなければならない」わけではありません。

エのリソース制約のリソースとは資源のことで、組込みシステムの資源（メモリなど）には制約があることを意味します。

解答2 イ

BTO（Build To Order）は、訳すと「注文を受けて生産」で、受注生産方式を意味します。したがって、イが正解です。アはOEM（Original Equipment Manufacture）、ウはJIT（Just In Time）、エはセル生産方式といいます。

これだけは覚えておきたい重要単語

- [ ] ポジショニングは、差別化するポイントを明確に
- [ ] CSRは、企業の社会的責任
- [ ] アライアンスは、企業同士の提携
- [ ] CSFは、重要成功要因
- [ ] PPMの評価軸は、市場成長率と市場シェア
- [ ] SWOT分析は、強み・弱みと機会・脅威に分ける
- [ ] アンゾフの成長マトリクスは市場浸透、新製品開発、市場開拓、多角化に分類
- [ ] バリューチェーンマネジメントは、付加価値が事業活動のどの部分で生み出されているかを分析
- [ ] ロジスティクスは物流管理で、物流を管理・合理化
- [ ] BSCでは、財務、顧客、内部ビジネスプロセス、学習と成長の4つの視点に基づいて戦略策定や業績評価
- [ ] エスクローは、第三者預託
- [ ] クラウドファンディングでは、不特定多数の人から、寄付を集める
- [ ] マーケティングミックスは、4Pと4C
- [ ] バリューエンジニアリングは、価値工学
- [ ] RFM分析では、購入履歴の最終購買日 (Recency)、購買頻度 (Frequency)、累計購買金額 (Monetary) に着目
- [ ] オピニオンリーダは、集団の意思形成や世論に多大な影響をおよぼす人
- [ ] コモディティ化は、機能の差別化がなくなり、低価格化競争
- [ ] コンカレントエンジニアリングでは、前工程が完了しないうちに、着手可能なものから後工程の作業を始める
- [ ] SEOは、自社のWebサイトの表示順位をできるだけ上位に
- [ ] IoT (Internet of Things) は「モノのインターネット」
- [ ] ディープラーニングは、大量のデータをニューラルネットワークで解析
- [ ] RPAは、ソフトウェアのロボットによる定型業務の自動化

第 | 3 | 章

ストラテジ系
システム戦略

　ストラテジ系のシステム戦略では、システム戦略そのもの
とシステム企画を学びます。

　システム戦略では、BPRやBPM、DFDなどが重要です。
ハウジングサービスとホスティングサービスとの違いも確実
に理解しましょう。

　また、ASPに類似したSaaSもよく出ます。

　システム企画では、RFIとRFPとの違いをしっかりと押さ
えましょう。

3 ストラテジ系 システム戦略

● ● ● 基礎問題 ● ● ●

問題 1

情報システム戦略を策定する段階で行う作業としては、情報化投資計画の立案がある。

** 問題 2

経営戦略として、リードタイムを短縮し、コストを削減するために社内の業務プロセスを抜本的に見直したいなら、適用する手法はBPRである。

** 問題 3

社内で継続的にPDCAサイクルを適用するという方法により、製造部門での歩留まりの向上を実現するような業務改善の考え方を、BPOという。

問題 4

BPMでは、組織の業務プロセスの効果的、効率的な手順を考えて、その実行状況を監視しながら問題点を発見して改善するサイクルを継続的に繰り返す。

問題 5

組織が経営戦略と情報システム戦略に基づいて、効果的な情報システム投資およびリスク低減のためのコントロールを適切に行うための実践規範は、システム監査基準である。

問題 6

情報システムの構築に当たり、要件定義から開発作業までを外部に委託し、開発したシステムの運用は自社で行いたいとすると、委託の際に利用するサービスは、ホスティングサービスである。

ポイント1 情報システム戦略の策定

情報システム戦略の策定においては、情報化投資計画を立案しなければなりません。また経営戦略との整合性がとれているかを検討する必要があります。

ポイント2 BPR

BPRはBusiness Process Re-engineeringの略で、リエンジニアリングは再設計と訳されます。業務の手順を改めて見直し、抜本的に再設計します

ポイント3 BPM

正しくは、BPM (Business Process Management＝ビジネスプロセス管理) です。BPO (Business Process Outsourcing) は、業務の外部委託です。

ポイント4 BPMとBPRの違い

BPMは継続的に繰り返されるという点で、BPRと異なります (BPRは抜本的に再設計します)。BPMでは、業務の実行結果などから業務プロセス自体を見直し、継続的な改善を図ります。

ポイント5 システム管理基準

システム監査基準ではなく、システム管理基準です。システム監査基準は、情報システムを監査するための基準です。

ポイント6 システムインテグレーションサービス

正しくは、システムインテグレーションサービスです。ホスティングサービスは、サーバーを貸し出すサービスです。

情報機器を使いこなせない人と使いこなせる人との間に生じる、収入や入手できる情報の量、質などの格差のことをディジタルサイネージという。

X社では営業部員の行動予定を把握したい。このとき利用するソフトウェアは、グループウェアである。

**　BYODとは、企業などにおいて、従業員が私物の情報端末を自社のネットワークに接続するなどして、業務で利用できるようにすることである。

** 問題
10
**　SaaSは利用者に対して、アプリケーションソフトウェアの必要な機能だけを、必要なときにネットワーク経由で提供する。

問題
11
　EAとは、品質、コスト、スピード、サービスを革新的に改善するために、ビジネスプロセスを考え直し、抜本的にデザインし直す取り組みである。

**　DFDは、データの流れに着目し、業務のデータの流れと処理の関係を表記する。

ポイント7 ディジタルディバイド

正しくは、ディジタルディバイド（Digital Divide=情報格差）といいます。ディジタルサイネージ（Digital Signage）とは、電子看板のことです。

ポイント8 グループウェア

グループウェア（Groupware）は、グループ内で情報共有をするためのソフトウェアです。営業部員の行動予定を把握するには最適です。

ポイント9 BYOD

BYOD（Bring Your Own Device＝ビーワイオーディー）は私的デバイスの活用とも訳されます。情報漏えいの危険性があります。

ポイント10 SaaS

SaaS（Software as a Service）は、サースといいます。SaaSでは、サービス事業者から提供される購買業務アプリケーションのうち、自社で利用したい機能だけをインターネット経由で利用します。

ポイント11 EA

EA(Enterprise Architecture)は、現状の業務と情報システムの全体像を可視化し、将来のあるべき姿を設定して、全体最適化を行うためのフレームワークなので、誤りです。問題文は、BPRの説明です。

ポイント12 DFD

DFD（Data Flow Diagram＝データフローダイアグラム）は、文字通りデータの流れに着目します。

問題 13 □□□

自然災害などによるシステム障害に備えるため、自社のコンピュータセンタとは別の地域に自社のバックアップサーバを設置したい。このとき利用する外部業者のサービスとしては、ハウジングが適切である。

問題 14 □□□

蓄積された販売データなどから規則性（例えば、天候と売れ筋商品の関連性など）を見つけ出す手法をデータマイニングという。

＊＊ **問題 15** □□□

統計学や機械学習などの手法を用いて大量のデータを解析し、新たなサービスや価値を生み出すためのヒントやアイデアを抽出する役割を担う人材を、データサイエンティストという。

問題 16 □□□

システムのライフサイクルのなかで、経営層および各部門からの要求事項に基づいたシステムを実現するためのシステム化計画を立案するプロセスは、要件定義プロセスである。

問題 17 □□□

システムのライフサイクルのうち、企画プロセスのシステム化計画で明らかにする内容は、新しい業務へ切り替えるための移行手順、利用者の教育手段である。

問題 18 □□□

システム化構想の立案の際には、経営戦略が前提となる。

ポイント13 ハウジング

ハウジング (Housing) は、停電しにくい電源などを完備した災害に強い建屋を貸し出すサービスで、利用者は自社のサーバなどを持ち込みます。一方ホスティング (Hosting) は、サーバなどの機器そのものを貸し出します。

ポイント14 データマイニング

データマイニング (Data Mining) のMining (原型はMine) は「採掘する」、「掘り出す」という意味を持っています。

ポイント15 データサイエンティスト

リアルタイムで収集された膨大で多様なデータはビッグデータと呼ばれます。これらのデータの解析などを通じて新たな価値を創出するデータサイエンティスト (Data Scientist) の役割は、近年ますます重要になってきています。

ポイント16 企画プロセス

正しくは、企画プロセスです。要件定義プロセスでは新たに構築する業務とシステムの仕様を明確化します。なお、システムのライフサイクルのプロセスは、企画、要件定義、開発、運用、保守に分けられます。

ポイント17 運用プロセス

これらは、運用プロセスで明らかにします。企画プロセスのシステム化計画で明らかにするのは、システム化する機能、開発スケジュールおよび費用と効果です。

ポイント18 システム化構想の立案

システム化構想は、経営戦略に合致したものである必要があります。

問題 19

ソフトウェアライフサイクルの要件定義プロセスでは、ソフトウェアの開発作業が実施できるように、システム内で使用する各種データの書式やデータベースの構造を詳細に決定する。

問題 20

定義すべき要件を業務要件とシステム要件に分けたとき、操作性向上のために画面表示にはWebブラウザを使用することは、業務要件に当たる。

問題 21

要件定義プロセスで定義するシステム化の要件には、機能要件と、それ以外の技術要件や運用要件などを明らかにする非機能要件がある。非機能要件としては、業務機能間のデータの流れがある。

問題 22

システム構築の流れのなかで、企画プロセスにおいては、システムに関係する利害関係者のニーズや要望、制約事項を定義する。

問題 23

RFPとは、情報システムの導入にあたってユーザがベンダに提案を求めるために提示する文書であり、導入システムの概要や調達条件を記したものである。

問題 24

RFPを作成する目的は、将来のシステム開発に向けて、最適な先進技術に関する情報を入手することである。

ポイント19　開発プロセス

これらは、開発プロセスで行います。要件定義プロセスでは、どのようなシステムを構築するかを、性能、機能、利用方法などの観点で、開発者側と利用者側とで明確にします。

ポイント20　システム要件

これは、システム要件に当たります。例えば、物流コストを削減するために出庫作業の自動化率を高めるといったことなら、業務要件に当たります。

ポイント21　非機能要件

業務機能間のデータの流れは、機能要件です。非機能要件としては、システム監視のサイクルや障害発生時の許容復旧時間などの性能があります。

ポイント22　要件定義プロセス

システムに関係する利害関係者のニーズや要望、制約事項を定義するのは、要件定義プロセスです。企画プロセスでは、システム化しようとする対象業務の問題点を分析し、実現すべき課題を定義します。

ポイント23　RFP

RFP（Request For Proposal）は、提案依頼書といいます。

ポイント24　RFI

最適な先進技術に関する情報の入手は、RFI（Request For Information）の目的です。RFPの目的は、ベンダに提案書の提示を求め、適切に発注先を選定することです。

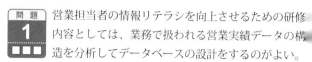

問題 1

営業担当者の情報リテラシを向上させるための研修内容としては、業務で扱われる営業実績データの構造を分析してデータベースの設計をするのがよい。

問題 2

組織の情報共有とコミュニケーションの促進を図るためにグループウェアを利用することを検討している。必要なサーバやソフトウェアを自社で購入せずに利用できるソリューションとしては、ASPがある。

問題 3

新システムの開発に当たって実施する業務要件の定義に際し、必ず合意を得ておくべき関係者は、新システムの開発ベンダの責任者である。

問題 4

ある業務システムの構築を計画している企業が、RFPをSIベンダに提示することになった。RFPに最低限記述する必要がある事項は、開発実施スケジュールである。

問題 5

新しい業務システム開発の発注に当たって、発注元企業がベンダ企業に対して求めるべき提案事項としては、提案内容の評価基準がある。

ポイント1　情報リテラシ
情報リテラシ（Literacy）とは情報を活用する基礎的能力のことなので、これでは内容が高度すぎます。業務に必要なデータを検索し、目的に合わせて活用できれば十分です。例えば、情報システムに保存されている過去の営業実績データを分析して、業務に活用したりします。

ポイント2　ASP
ASP（Application Service Provider＝エーエスピー）は、インターネットを通じて業務用アプリケーションソフトを貸し出します。

ポイント3　業務要件
そうではなく、新システムの利用部門の責任者です。利用部門が了解しなければ、意味がありません。

ポイント4　RFPの記載事項
開発実施スケジュールは、SIベンダ側が提示します。RFPに最低限記述する必要がある事項としては、業務システムで実現すべき機能があります。なお、SIベンダ（System Integration Vendor）とは、システム開発業者です。

ポイント5　提案事項
提案内容の評価基準は、発注元企業が決めます。ベンダ企業に対して求めるべき提案事項としては、新システム開発の実施体制があります。

<table>
<tr><td>問題 1</td><td>RFPに基づいて提出された提案書を評価するための表を作成した。最も評価点が高い会社はどれか。ここで、◎は4点、○は3点、△は2点、×は1点の評価点を表す。また、評価点は、金額、内容、実績の各値に重み付けしたものを合算して算出するものとする。</td></tr>
</table>

評価項目	重み	A社	B社	C社	D社
金額	3	△	◎	△	○
内容	4	◎	○	○	△
実績	1	×	×	◎	○

ア　A社　　**イ**　B社　　**ウ**　C社　　**エ**　D社

（平成30年度秋期　問15）

問題 2　連結会計システムの開発に当たり、機能要件と非機能要件を次の表のように分類した。aに入る要件として、適切なものはどれか。

機能要件	非機能要件
・国際会計基準に則った会計処理が実施できること ・決算処理結果は、経理部長が確認を行うこと ・決算処理の過程を、全て記録に残すこと	・最も処理時間を要するバッチ処理でも、8時間以内に終了すること a ・保存するデータは全て暗号化すること

ア　故障などによる年間停止時間が、合計で10時間以内であること

イ　誤入力した伝票は、訂正用伝票で訂正すること

ウ　法定帳票以外に、役員会用資料作成のためのデータを自動抽出できること

エ　連結対象とする会社は毎年変更できること

（平成28年度春期　問1）

解答1　イ

重み×点数を合計していきます。

A社＝3×△＋4×◎＋1××＝3×2＋4×4＋1×1＝23
B社＝3×◎＋4×○＋1××＝3×4＋4×3＋1×1＝25
C社＝3×△＋4×○＋1×◎＝3×2＋4×3＋1×4＝22
D社＝3×○＋4×△＋1×○＝3×3＋4×2＋1×3＝20

以上より、最も評価点が高いのは、B社です。

解答2　ア

イの伝票や**ウ**のデータ抽出、**エ**の会社変更という要件は、機能要件に関するものです。一方、「停止時間が、合計で10時間以内」という性能は機能要件以外のもので、非機能要件です。これは、表の非機能要件の「8時間以内」という数字がヒントになります。

これだけは覚えておきたい重要単語

- [ ] BPR（Business Process Re-engineering）は、業務プロセスの抜本的な再構築
- [ ] BPM（Business Process Management）は、業務プロセスの継続的な改善
- [ ] RFP（Request For Proposal）は、提案依頼書
- [ ] RFI（Request For Information）は、情報提供依頼書
- [ ] システムインテグレーションサービスは、情報システムの構築を請け負う
- [ ] 情報リテラシは、情報を活用する基礎的能力
- [ ] ディジタルディバイドは、情報格差
- [ ] グループウェアは、グループ内での情報共有に用いる
- [ ] SFA（Sales Force Automation）は営業支援システムで、営業活動を効率化
- [ ] SCM（Supply Chain Management）は、供給連鎖管理
- [ ] BYOD（Bring Your Own Device＝ビーワイオーディー）は、私的デバイスの活用
- [ ] ASP（Application Service Provider）は、インターネットを通じて業務用アプリケーションソフトを貸し出す
- [ ] SaaSは、利用したい機能だけをインターネット経由で利用
- [ ] ERP（Enterprise Resource Planning）は、企業資源計画
- [ ] DFDはデータの流れに焦点をあてた分析の方法
- [ ] データマイニングは、蓄積されたデータなどから規則性を見つけ出す
- [ ] データサイエンティストは、リアルタイムで収集される、膨大で多様なビッグデータなどを解析する
- [ ] ハウジングサービスの利用者は、自分で用意したサーバーなどを預かってもらう
- [ ] ホスティングサービスの利用者は、サーバーなどの機器そのものを借りる

第 | 4 | 章

マネジメント系
開発技術

マネジメント系の開発技術の分野では、ソフトウェア開発モデル、設計、テストに関する問題が出ます。

ソフトウェア開発モデルでは、ウォーターフォールモデル、スパイラルモデル、プロトタイピングモデルの違いを把握しておきます。

設計では、まずシステムの開発工程を覚えます。オブジェクト指向設計に関する問題もよく出ます。

最後に、テストの分野では、どんな種類のテストがあるかを覚えます。単体テスト・結合テスト・システムテスト・運用テストの違いを理解しましょう。ホワイトボックステストとブラックボックステストの違いも重要です。

● ● ● 基礎問題 ● ● ●

問題 1

システム開発のプロセスには、システム要件定義、システム方式設計、システム結合テスト、ソフトウェア受入れなどがある。このうちシステム要件定義では、システムテストの計画を作成し、テスト環境の準備を行う。

問題 2 ✱✱

システム要件定義の段階で、検討したシステム要件の技術的な実現性を確認するために有効な作業としては、ファンクションポイントの算出がある。

問題 3

ファンクションポイント法は、過去に開発した類似システムをベースに相違点を洗い出し、システム開発工数を見積もる方法である。

問題 4

新システム導入に際して、ソフトウェア・ハードウェアで実現する範囲と、手作業で実施する範囲を明確にする工程は、ソフトウェア要件定義である。

問題 5 ✱✱

情報システムの要件は、業務要件を実現するための機能を記述した機能要件と、性能や保守のしやすさなどについて記述した非機能要件に分類することができる。機能要件としては、システムが取り扱う入出力データの種類がある。

ポイント1 システム要件定義とシステム結合テスト

テスト環境の準備を行うのは、システム結合テストの段階です。システム要件定義では、システムに要求される機能、性能を明確にします。

ポイント2 ファンクションポイント

ファンクションポイントの算出は、システムの規模を見積もるために行います。技術的な実現性を確認するためには、プロトタイピング（試作品の作成と利用）の実施があります。

ポイント3 類推法

この方法を、類推法といいます。ファンクションポイント法は、システムで処理される出力帳票や入力画面、使用ファイル数などに基づき、機能の数を計ることでシステムの規模を見積もる方法です。

ポイント4 システム方式設計

正しくは、システム方式設計です。ソフトウェア要件定義では、インタフェースを明らかにします。

ポイント5 機能要件と非機能要件

入出力データの種類は、機能要件です。非機能要件としては、システム障害発生時の許容復旧時間、目標とするシステムの品質と開発コスト、システムの移行手順などがあります。

問題 6

社内で開発したソフトウェアの本番環境への導入には、導入手順書を作成する。

問題 7

システム開発の関係者を開発者側と利用者側に分けたとき、ソフトウェア受入れでは、ソフトウェアが要件を満たしていて、利用できる水準であることを、開発者側が確認する。

** **問題 8**

発注したソフトウェアが要求事項を満たしていることをユーザが自ら確認するテストを、システムテストという。

問題 9

本番稼働中のシステムに対して、法律改正に適合させるためにプログラムを修正するのは、ソフトウェア保守で実施する活動である。

** **問題 10**

プログラムの内部構造に着目してテストケースを作成する技法をホワイトボックステストと呼ぶ。

問題 11

システム開発のテストを、単体テスト、結合テスト、システムテスト、運用テストの順に行う場合、システムテストでは、プログラム間のインタフェースに誤りがないことを検証する。

ポイント6 　導入手順書

導入手順書を作成します。また、実施者、責任者などの実施体制を明確にしておく必要があります。

○

ポイント7 　ソフトウェア受入れ

最後が誤りです。ソフトウェア受入れでは、開発者の支援を受けながら、利用者側が確認します。

×

ポイント8 　受入れテスト

システムテスト（システム適格性確認テスト）は、開発側が主体となって行う全体のテストです。ソフトウェアが仕様どおり完成していることを、ユーザーが自ら確認するのは、受入れテストです。

×

ポイント9 　ソフトウェア保守

ソフトウェア保守に該当するのは、本番システムで稼働しているソフトウェアの不具合を修正する場合です。法律改正にともなうプログラムの修正もこれに含まれます。

○

ポイント10 　ホワイトボックステスト

ホワイトボックステストは中身が見える箱という意味で、内部構造に着目し、単体テストにおいて活用されます。

○

ポイント11 　結合テスト、システムテスト、運用テスト

インタフェースをチェックするのは、結合テストです。システムテストでは、性能要件を満たしていることをチェックします。なお、運用テストでは、利用者が実際に運用することで、業務の運用が要件どおり実施できることを検証します。

×

問題 12

新しく開発した業務システムのテストに利用部門の立場で参画する場合、確認すべき事項としては個々のプログラムがプログラム仕様書どおりに動作することなどがある。

問題 13

ユースケースは、システムをユーザが使うときのシナリオに基づき、システムとユーザのやり取りを記述する。

問題 14

製品やサービスの納入者を選定するためには、利用者側でテストケースを用意する。

問題 15

ソフトウェア開発におけるDevOpsは、開発側と運用側が密接に連携して、自動化ツールなどを活用して機能などの導入や更新を迅速に進める。

問題 16

共通フレーム（Software Life Cycle Process）とは、ソフトウェア開発のプロジェクト管理において必要な知識体系である。

問題 17

アジャイル開発の方法論であるスクラムは、複雑で変化の激しい問題に対応するためのシステム開発のフレームワークであり、反復的かつ漸進的な手法として定義したものである。

ポイント12 テストの確認事項

プログラムが仕様書どおりに動作するかどうかは、開発部門が確認することです。利用部門の立場では、業務上の要件が満たされているかどうかを確認します。

ポイント13 ユースケース

ユースケースは、システムの開発プロセスで用いられる技法です。エンドユーザーにも分かりやすい用語を用い、専門用語は避けます。

ポイント14 テストケース

テストケースは、想定上の入力データに対する正しい出力データを記述したもので、納入者側で用意します。納入者を選定するためには、評価基準を用意します。

ポイント15 DevOps

DevOps（デブオプス）は、Development（開発）とOperations（運用）を組み合わせた造語です。

ポイント16 共通フレーム

この知識体系は、PMBOKです。共通フレームは、ソフトウェア開発とその取引の適正化に向けて、基本となる作業項目を定義し標準化したものです。

ポイント17 アジャイル開発

アジャイル（Agile）とは素早いという意味で 、アジャイル開発は、ドキュメントの作成よりもソフトウェアの作成を優先し、変化する顧客の要望を素早く取り入れることができます。

システム開発の初期の段階で、ユーザと開発者との仕様の認識の違いなどを確認するために、システムの機能の一部やユーザインタフェースなどを試作し、ユーザや開発者がこれを評価することによって曖昧さを取り除くシステム開発モデルを、オブジェクト指向という。

ソフトウェア開発モデルには、プロトタイピングモデル、スパイラルモデル、ウォータフォールモデル、RADなどがある。ウォータフォールモデルは、開発工程ごとの実施すべき作業がすべて完了してから次の工程に進む。

自社開発して長年使用しているソフトウェアがあるが、ドキュメントが不十分で保守性が良くない。保守のためのドキュメントを作成するために、既存のソフトウェアのプログラムを解析した。この手法を、スパイラルモデルという。

プログラム作成から結合テストまでを外部のベンダに委託することにした。ベンダに対して、毎週の定例会議で、進捗と品質の状況、およびそれらに影響する問題があれば、その対策内容をすべて報告することを条件として契約した。この場合、ベンダ側の作業で発生した進捗と品質に影響する問題とその対策内容を、納品時の報告で確認する。

ポイント1 プロトタイピング

正しくは、プロトタイピング (Prototyping) です。オブジェクト指向は、最近のシステム開発技法で、データとその処理を1つのまとまり (オブジェクト) として管理します。

ポイント2 ウォータフォールモデル

ウォータフォール (Waterfall) とは滝のことです。滝の流れのように一方通行で、逆戻りすることはありません。

ポイント3 リバースエンジニアリング

リバースエンジニアリング (Reverse Engineering＝分解工学) が正解です。これは、既存の製品を分解・解析し、情報を獲得することです。スパイラルモデル (Spiral Model) は、らせん (Spiral) 状に繰り返し循環しながら完成させていくという手法です。

ポイント4 外部委託

納品時では遅すぎます。ベンダ側の作業について、進捗と品質の状況および発生した問題のすべての対策内容を、定例会議の報告で確認します。

問題
1

システム開発プロセスには、システム要件定義、システム設計、プログラミング、テスト、ソフトウェア受入れがある。新規のシステム開発において、開発の初期の段階でシステム要件として定義するものはどれか。

■ **ア** システムの機器構成　　■ **イ** システムの開発標準
■ **ウ** システムの対象範囲　　■ **エ** システムのテスト計画

（平成25年度春期　問33）

問題
2

ホワイトボックステストのテストケース作成に関する記述のうち、適切なものはどれか。

■ **ア** 入力条件が数値である項目に対して、文字データを設定してテストケースを作成する。
■ **イ** 入力データと出力データを関係グラフで表現し、その有効な組合せをテストケースとして作成する。
■ **ウ** 人の体重を入力するテストで、上限値を300kg、下限値を500gと設定してテストケースを作成する。
■ **エ** プログラムの全ての分岐経路を少なくとも1回実行するようにテストケースを作成する。

（平成25年度春期　問37）

解答1 ウ

アのシステムの機器構成は、システム設計の段階で定義します。

イのシステムの開発標準は、開発するためのマニュアルであって、システム要件として定義するものではありません。

ウのシステムの対象範囲は、システム要件として定義します。これが正解です

エのシステムのテスト計画は、システム設計の段階で定義します。

4

マネジメント系 開発技術

解答2 エ

ホワイトボックス（White Box）とは、「白い、中身の見える箱」という意味ですから、ホワイトボックステストは、中身のロジックを知った上で行います。

選択肢のなかで、中身を知らないといけないのは、**エ**の「全ての分岐経路を少なくとも1回実行する」です。

これだけは覚えておきたい**重要単語**

- [ ] システム要件定義は、システムに要求される機能、性能を明確化
- [ ] 結合テストはインターフェイスを確認
- [ ] システムテストは、システム要件定義で定めた機能、能力の確認
- [ ] 検収のときに発注者主導で行われるのが受入れテスト
- [ ] 検収したら、実際の環境で運用テストを行う
- [ ] 過去に開発した類似システムをベースに工数を見積もるのが類推法
- [ ] 機能の数や複雑さによって重みづけした点数からシステムの規模を見積もる方法がファンクションポイント法
- [ ] 内部構造を理解した上で行うのがホワイトボックステスト
- [ ] ブラックボックステストでは中が見えなくてもデータを入力してみる
- [ ] ウォータフォールモデルは、滝のように一方通行
- [ ] 一連の工程を繰り返しながら進むスパイラルモデル
- [ ] プロトタイピングは試作品
- [ ] リバースエンジニアリングは既存の製品を分解、解析してその技術を獲得
- [ ] 共通フレームはソフトウェア開発とその取引の適正化を目指したガイドライン
- [ ] オブジェクト指向設計はデータとその処理を、1つのまとまり（オブジェクト）として管理
- [ ] RAD (Rapid Application Development) は、短期でプログラムの作成を可能にする
- [ ] ペアプログラミングはプログラムを書くドライバと、補佐するナビゲータの2人で行う
- [ ] ユースケースはシステムとユーザのやりとりを記述
- [ ] テストケースは想定上の入力に対する正しい出力を記述

マネジメント系
プロジェクトマネジメント

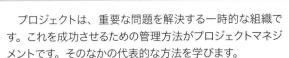

　プロジェクトは、重要な問題を解決する一時的な組織です。これを成功させるための管理方法がプロジェクトマネジメントです。そのなかの代表的な方法を学びます。

　特にスコープ（作業の範囲）とタイム（時間）の管理が重要です。

　アローダイアグラムは毎回のように出題されるので、クリティカルパスの見つけ方は身に着ける必要があります。

　仕事に必要な作業日数の計算もよく出るので、計算問題に慣れておく必要もあるでしょう。

● ● ● **基礎問題** ● ● ●

問題 1 ✱✱
<u>プロジェクトチーム</u>は、期間を限定して特定の目標を達成することを目指す組織である。

問題 2
プロジェクト管理のプロセス群のうち、<u>計画</u>ではプロジェクトで実行する作業を洗い出して、管理可能な単位に詳細化する作業を実施する。

問題 3
プロジェクトが発足したとき、プロジェクトマネージャはプロジェクト運営を行うために、<u>プロジェクト実施報告書</u>を作成する。

問題 4
<u>プロジェクト統合マネジメント</u>においては、プロジェクト全体の予算書が作成される。

問題 5
あるシステム開発プロジェクトにおいて、テスト用の機器を購入するときの<u>プロジェクト調達マネジメント</u>の活動としては、購入する機器を用いたテストを機器の納入後に開始するように、スケジュールを作成する。

問題 6
<u>プロジェクトスコープマネジメント</u>では、プロジェクトが生み出す製品やサービスなどの成果物と、それらを完成させるために必要な作業を定義し管理する。

ポイント1 プロジェクトチームの特徴
システム開発など特定の（日常的でない）目標達成のために、期間限定のプロジェクトチームが編成されます。

ポイント2 プロジェクト管理のプロセス群
プロジェクト管理のプロセス群は、立上げ、計画、実行、監視・コントロール、終結の5つに分けられます。計画において管理可能な単位に詳細化するには、WBS（Work Breakdown Structure）を使います。

ポイント3 プロジェクトマネジメント計画書
プロジェクトが発足したときに作成するのは、プロジェクトマネジメント計画書です。プロジェクト実施報告書は、プロジェクトの終了時に作成します。

ポイント4 プロジェクト統合マネジメント
プロジェクト全体の予算書が作成されるのは、プロジェクトコストマネジメントにおいてです。プロジェクト統合マネジメントにおいては、プロジェクト全体を実行、監視、コントロールするための計画書が作成されます。

ポイント5 プロジェクトタイムマネジメント
スケジュールを作成するのは、プロジェクトタイムマネジメントです。プロジェクト調達マネジメントでは、複数の購入先候補に対して、テスト用の機器の仕様を提示し、回答内容を評価して適切な購入先を決定します。

ポイント6 プロジェクトスコープマネジメント
スコープ（Scope）は、「範囲」という意味です。プロジェクトチームが対象とする範囲を管理するのが、プロジェクトスコープマネジメントです。

91

顧客が行う運用テストの支援をプロジェクトの作業に追加しても、プロジェクトにおけるスコープの変更に該当しない。

プロジェクトの管理を進捗管理、コスト管理、品質管理と分けた場合、品質管理の確認事項としては、作業の遅れが全体日程に与える影響を確認することがある。

**
個人情報を取り扱うシステムの開発プロジェクトにおけるリスク対応策に関して、個人情報の持ち出しが発生しないように、プロジェクトルームから許可なく物を持ち出すことを禁止することは、個人情報漏えいに関するリスク軽減に該当する。

あるシステム開発プロジェクトにおいて、設計および開発工程をA社に委託したい。A社は過去のシステム開発で納期遅延が発生したことがあるので、今回も納期が遅れる可能性が考えられる。そこで、A社への委託を取りやめれば、納期遅れのリスク軽減に該当する。

問題
11
システム開発におけるリスク対応には、転嫁、回避、受容、軽減などがあるが、リスク転嫁の例としては、財務的なリスクへの対応として保険をかけることがある。

ポイント7 スコープの変更

作業が増えることにより、作業の範囲が変わりますから、スコープの変更に該当します。

ポイント8 プロジェクトの管理

作業の遅れが全体日程に与える影響を確認するのは、進捗管理です。品質管理の確認事項としては、設計の不備を発見するための設計レビュー手順が確立しているかどうかや、結合テストが様々な観点で網羅的に行われているかどうかなどがあります。

ポイント9 リスク軽減

リスクへの対応策は、軽減、回避、転嫁、受容の4つに分類することができます。持ち出し禁止にすれば、リスク軽減に該当します。

ポイント10 リスク回避

委託を取りやめるのは、軽減ではなく、回避に該当します。リスク軽減の例としては、A社に過去の納期遅延の原因分析とそれに基づく予防策を、今回の開発計画に盛り込ませることなどがあります。

ポイント11 リスク転嫁

転嫁とは、責任を他に移すことです。保険をかけておけば、損害を移し替えることができます。

問題 12

スケジュールを前倒しすると全体のコストを下げられるとき、プログラム作成を並行して作業することによって全体の期間を短縮することは、<u>プラスのリスク</u>への対応策に該当する。

問題 13 ＊＊

システム開発プロジェクトにおける<u>ステークホルダ</u>とは、プロジェクトにマイナスの影響を与える可能性のある事象またはプラスの影響を与える可能性のある事象である。

問題 14 ＊＊

<u>PMBOK</u>とは、プロジェクトマネジメントの知識を体系化したものである。

問題 15 ＊＊

プロジェクトの計画段階で行う作業で、プロジェクトで実施しなければならないすべての作業を洗い出して階層構造に整理するとともに、プロジェクトの管理単位を明確化する手法を<u>WBS</u>という。

問題 16 ＊＊

<u>アローダイアグラム</u>のなかで最も時間のかからない経路を<u>クリティカルパス</u>という。

ポイント12 プラスのリスク

プロジェクトにおけるリスクには、マイナスのリスクとプラスのリスクがあります。コストを下げられることは、得をする可能性を意味するので、プラスのリスクです。

○

ポイント13 ステークホルダ

これは、リスクの説明です。ステークホルダ（Stakeholder）とは利害関係者のことで、システム開発プロジェクトの場合は、開発したシステムの利用者や開発部門の担当者などの、プロジェクトに関わる個人や組織を指します。

✕

ポイント14 PMBOK

問題文のPMBOK（Project Management Body Of Knowledge）は、ピンボックと読み、プロジェクトマネジメントの知識を体系化したガイドラインです。

○

ポイント15 WBS

WBS（Work Breakdown Structure）は作業分解構造ともいいます。Breakdownには、分解や分析という意味があります。

○

ポイント16 アローダイアグラムとクリティカルパス

アローダイアグラムは作業項目の順序を視覚的に表現したもので、このうち最も時間のかかる経路をクリティカルパスといいます。

✕

問題 1

1対1で情報の伝達を行う必要があるプロジェクトチームにおいて、メンバが6人から10人に増えると、情報の伝達を行うために必要な経路の数は3倍になる。

問題 2

クリティカルパスを見つけるには、最早結合点時刻と最遅結合点時刻が同一の結合点を結ぶ。

問題 3

1,800万円の予算でプログラムを60本作成するプロジェクトにおいて、開始後20日経った現在の状況を確認したところ、60本中40本のプログラムが完成し、1,500万円のコストがかかっていた。このままプロジェクトを進めたとすると、予算に対する超過コストは450万円である。ただし、プログラムの生産性および規模はすべて同じであるとする。

問題 4

Cさんの生産性は、Aさんの1.5倍、Bさんの3倍とする。AさんとBさんの2人で作業すると20日かかるソフトウェア開発の仕事がある。これをAさんとCさんで担当した場合の作業日数は12日である。

ポイント1 情報伝達経路の数

メンバを n 人とすると、$_nC_2$ で計算します。$_6C_2 = 6 \times 5 \div (2 \times 1) = 15$、$_{10}C_2 = 10 \times 9 \div (2 \times 1) = 45$ ですから、$45 \div 15 = 3$ 倍になります。

ポイント2 クリティカルパスの見つけ方

最早結合点時刻（最早開始日）は作業を最も早く始められる日にちで、最遅結合点時刻（最遅開始日）は作業を最も遅く始められる日にちです。

ポイント3 超過コストの計算

40本のプログラムが完成し、コストが1,500万円ですから、1本当たり1,500万円÷40本＝37.5万円かかっています。60本すべてがこのコストであるとすると、60本×37.5万円＝2,250万円ですから、超過コストは2,250－1,800＝450万円です。

ポイント4 必要な作業日数の計算

仕事量＝人数×日数で考えます。Cさんの生産性は、Aさんの1.5倍、Bさんの3倍ですから、AさんはBさんの2倍の仕事します（半分ではありません）。すると、AさんとBさんの2人では、Bさん3人分の仕事をすることになりますから、仕事＝3人×20日＝60人日です。Aさん（Bさん2人分）とCさん（Aさんの1.5倍＝Bさん3人分）では、合わせて5人分になりますから、日数＝60人日÷5人＝12日です。

問題
1

プロジェクトで実施する作業の順序設定に関して、次の記述中のa、bに入れる字句の適切な組合せはどれか。

成果物を作成するための作業を、管理しやすい単位に　　　a　　　によって要素分解し、それらの順序関係を　　b　　　によって表示する。

	a	b
ア	WBS	アローダイアグラム
イ	WBS	パレート図
ウ	ガントチャート	アローダイアグラム
エ	ガントチャート	パレート図

（平成29年度春期　問48）

問題
2

システム開発を示した図のアローダイアグラムにおいて、工程AとDが合わせて3日遅れると、全体では何日遅れるか。

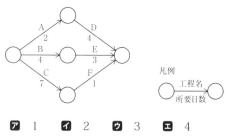

凡例

工程名
所要日数

ア 1　　**イ** 2　　**ウ** 3　　**エ** 4

（平成30年度春期　問43）

解答1 ア

要素分解するのはWBSで、順序関係はアローダイアグラムで分かります。ガントチャートは、工程の進捗状況を管理します。また、パレート図は品質管理で使う図で、ABC分析を行います。

解答2 ア

まずはクリティカルパスを探しましょう。3つのルートがありますが、A→Dのルートは2＋4＝6日、B→Eのルートは4＋3＝7日、C→Fのルートは7＋1＝8日かかります。したがって、最も時間のかかるC→Fのルートがクリティカルパスで、現状ではプロジェクトの最短所要日数が8日であることが分かります。

次に問題文より、工程AとDがあわせて3日遅れると、A→Dのルートは6＋3＝9日となります。よって、A→Dのルートが最も時間のかかるクリティカルパスになり、最短所要日数は9－8＝1日伸びることになります。

以上より、全体では1日遅れが生じ、答えはアとなります。

これだけは覚えておきたい**重要単語**

- [ ] プロジェクトチームは特定の目標の達成のために期間限定で結成される
- [ ] はじめにプロジェクト憲章で根本的なプロジェクトの目的などを定める
- [ ] PMBOKは、プロジェクトマネジメントの知識を体系化したフレームワーク
- [ ] PMBOKのプロセス群は立上げ、計画、実行、監視・コントロール、終結
- [ ] プロジェクト発足時に作成するのがプロジェクトマネジメント計画書
- [ ] プロジェクト終結時に作成するのがプロジェクト実施報告書
- [ ] スコープ（Scope）はプロジェクトの実施範囲
- [ ] リスクへの対応は、軽減、回避、転嫁、受容に分けられる
- [ ] リスク軽減は発生確率、発生した際の損害を下げる
- [ ] リスク回避はリスクそのものを取り除いてしまう
- [ ] リスク転嫁は、第三者にリスクの影響を移す
- [ ] リスク受容は、リスクが許容できる範囲であるときに、それを修正せず受け入れる
- [ ] ステークホルダ（Stakeholder）は利害関係者
- [ ] WBS（Work Breakdown Structure）は作業分解構造
- [ ] アローダイアグラムは、作業項目の関連性や順序関係を視覚的に表す図
- [ ] アローダイアグラムのなかで最も時間のかかる経路はクリティカルパス
- [ ] ガントチャートは、時間を横軸にタスクを縦軸にとった工程管理図
- [ ] 仕事量＝人数×日数
- [ ] マイルストーンは目印のことで、工程管理上で重要なポイント

第 | 6 | 章

マネジメント系
サービスマネジメント

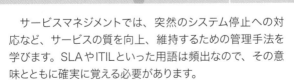

　サービスマネジメントでは、突然のシステム停止への対応など、サービスの質を向上、維持するための管理手法を学びます。SLAやITILといった用語は頻出なので、その意味とともに確実に覚える必要があります。

　またここでは、監査についての問題も出題されます。情報システムが適切に運営されているかどうかをチェックする上での、キーワードをおさえましょう。

① サービスマネジメントと監査

● ● 基礎問題 ● ●

問題 1
顧客のニーズに合致したサービスを提供するために、組織が情報システムの運用の維持管理および継続的な改善を行っていく取り組みを、<u>ITサービスマネジメント</u>という。

問題 2
自家発電装置の適切な発電可能時間を維持するために、燃料の補充計画を見直すことは、<u>ファシリティマネジメント</u>の施策の1つである。

問題 3 ＊＊
情報システムに関する<u>ファシリティマネジメント</u>の目的は、災害時などにおける企業の事業継続である。

問題 4 ＊＊
<u>インシデント管理</u>の目的は、ITサービスで利用する新しいソフトウェアを稼働環境へ移行するための作業を確実に行うことである。

問題 5 ＊＊
ネットワーク障害によって電子メールが送信できない場合、電話で内容を伝えるのは、ITサービスマネジメントにおける<u>問題管理</u>の事例である。

問題 6
ITサービスマネジメントのプロセスにおいて、未使用のソフトウェアライセンス数は、<u>資産管理</u>が適切に実行されているかどうかの判断に有効な計測項目である。

ポイント1 ITサービスマネジメント

ITサービスマネジメントはまた、システムの可用性に関する指標を定義し、稼働実績を取得し、目標を達成するために計画、測定、改善を行います。つまり、IT運用の効率化を図り、可用性をはじめとするサービスの品質を高めようとします。

ポイント2 ファシリティマネジメント

ファシリティマネジメント（Facility Management）は、情報システムの施設や設備を維持・保全します。

ポイント3 BCP

災害時などにおける企業の事業継続は、BCP（Business Continuity Plan=事業継続計画）の目的です。ファシリティマネジメントの目的は、情報処理関連の設備や環境の総合的な維持です。

ポイント4 変更管理

これは、変更管理の目的です。インシデント管理の目的は、ITサービスを阻害する要因が発生したときに、ITサービスを一刻も早く復旧させて、ビジネスへの影響をできるだけ小さくすることです。インシデント（Incident）とは、事件という意味です。

ポイント5 問題管理

電話で内容を伝えるのは、サービスデスクの事例です。問題管理では、障害再発防止に向けて、障害の根本原因を突き止めます。

ポイント6 資産管理

資産管理では、使用しているソフトウェア、ハードウェア、ソフトウェアライセンスを管理します。

| 問題 7 | ITサービスマネジメントにおける可用性管理の目的は、停止したサービスを可能な限り迅速に回復させることである。 |

| 問題 8 | サービスレベル管理の目的は、サービスレベルを利用者と提供者が合意し、それを維持・改善するためのものである。 |

| 問題 9 | サービスデスクのサービスレベルを評価するための項目の例としては、問い合わせの応答待ち時間がある。 |

**　| 問題 10 | サービスの提供者と利用者間で結ばれた、サービス内容に関する合意書をSLAという。 |

| 問題 11 | システムに関して「障害からの回復を3時間以内にする」などの内容を、システム運用側と利用側の間で取り決める文書を、ソフトウェア詳細設計書という。 |

| 問題 12 | 利用者からの問い合わせの窓口となるサービスデスクで、電話や電子メールに加え自動応答技術を用いてリアルタイムで会話形式のコミュニケーションを行うツールを、FAQという。 |

ポイント7 インシデント管理と可用性管理

停止したサービスの回復は、インシデント管理の目的です。可用性管理の目的は、ITサービスを提供する上で、目標とする稼働率を達成することです。

ポイント8 サービスレベル管理

サービスレベル管理について合意した内容は、SLA（サービスレベル合意書）に文書として残しておきます。

ポイント9 サービスデスク

サービスデスクはヘルプデスクと呼ぶこともあり、利用者からの問い合わせの受け付けや記録を行います。

ポイント10 SLA

SLA（Service Level Agreement）は、サービスレベル合意書といい、サービス内容に関して合意した内容の文書です。

ポイント11 SLAとソフトウェア詳細設計書

正しくは、SLA（サービスレベル合意書）です。ソフトウェア詳細設計書は、ソフトウェアの仕様を詳細に文書化したものです。

ポイント12 チャットボット

正しくは、チャットボット（Chatbot）です。FAQ（Frequency Asked Question）は、「よくある質問」のことです。

問題 13 ITサービスマネジメントにおいて利用者に<u>FAQ</u>を提供する目的は、利用者が問題を自己解決できるように支援することである。

問題 14 営業部門の申請書を経理部門が承認するのは、内部統制における相互けん制を働かせるための<u>職務分掌</u>の例である。

✱✱ **問題 15** <u>ITIL</u>は、ITサービスマネジメントのフレームワークである。

問題 16 ITガバナンスは、企業などにおける<u>コンプライアンス向上のための取り組み</u>のことである。

問題 17 <u>内部統制</u>の構築には、業務プロセスの明確化、職務分掌、実施ルールの設定および<u>業務効率の向上</u>が必要である。

問題 18 内部統制の整備で文書化される、業務規定やマニュアルのような個々の業務内容についての手順や詳細を文章で示したものを<u>要件定義書</u>という。

ポイント13　FAQ

FAQ (Frequently Asked Question) は、頻繁に尋ねられる質問のことです。質問とそれに対する回答が列挙されており、利用者はサービスデスクに電話をかける前に、FAQを見て自己解決を図ることができます。

ポイント14　職務分掌

申請部門と承認部門が分かれていますので、相互けん制（お互いの監視）が働きます。

ポイント15　ITIL

ITIL (Information Technology Infrastructure Library) はアイティルと読みます。また、フレームワーク (Framework) とは、枠組みという意味です。

ポイント16　ITガバナンス

ガバナンス (Governance) は企業統治、コンプライアンス (Compliance) は法令遵守と訳され、意味も異なります。ITガバナンスは、経営目標を達成するために情報システム戦略を策定し、戦略の実行を統制することです。

ポイント17　チェック体制と内部統制

最後が違います。業務効率の向上は内部統制の問題ではありません。正しくはチェック体制の確立が必要です。

ポイント18　業務記述書

正しくは、業務記述書です。要件定義書は、開発するシステムの性能や機能を文章で示したものです。

問題 19 企業は経営戦略に沿って、組織体のITガバナンスの実現に向けて効果的なIT戦略を立案し、その戦略に基づき情報システムの企画・開発・運用・保守というライフサイクルを確立している。

問題 20 IT統制は、ITに係る業務処理統制や全般統制などに分類される。購買業務システムなどの自社システムを開発・運用している企業において、購買業務システムに入力されるデータが重複なく入力されるような統制は、業務処理統制に当たる。

問題 21 業務監査では、財務状態や経営成績が財務諸表に適正に記載されていることを監査する。

** **問題 22** システム監査とは、ITサービスマネジメントを実現するためのフレームワークのことである。

問題 23 監査対象の情報システムの運用管理者が行う日常点検は、システム監査に当たる。

問題 24 システム監査人は、情報システムのリスクが適切かつ効果的にコントロールされているかについて、被監査部門から独立した立場で検証し、被監査部門に報告する。

ポイント19　IT戦略とIT統制

正しいです。そして、この情報システムにまつわるリスクを
低減するために、企業はIT統制を整備・運用しています。

ポイント20　業務処理統制と全般統制

業務処理統制は業務を管理するシステムにおいて、承認さ
れた業務がすべて正確に処理、記録されることを確保する
ための統制活動のことをいい、全般統制はそれぞれの業務
処理統制が有効に機能する環境を保証する統制活動のこと
をいいます。

ポイント21　会計監査と業務監査

財務状態や経営成績が財務諸表に適正に記載されていること
を監査するのは、会計監査です。業務監査では、取締役が法
律および定款にしたがって職務を行っていることを監査します。

ポイント22　ITILとシステム監査

このフレームワークは、ITILです。システム監査とは、情報
システムに関わるリスクに対するコントロールが適切に整
備・運用されているかどうかを検証することです。

ポイント23　システム監査

システム監査は、監査対象の情報システム部門以外の者が
行うものですから、監査対象の情報システム部門の運用管
理者による行為は監査ではありません。

ポイント24　システム監査人の報告先

システム監査人が報告する相手は、被監査部門ではなく、
依頼者（一般的には経営者）です。

問題 1

ITサービス継続性管理において、レビューやテストの実施結果に基づいて、必要であれば復旧計画書を改善することは、PDCAサイクルのC(Check)に該当する。

問題 2

情報セキュリティの物理的および環境的セキュリティ管理策において、サーバへの電源供給が停止するリスクを低減するために使用される装置をUPSという。

問題 3

ITガバナンスは、経営者の責任であり、ITガバナンスに関する活動はすべて経営者が行う。

問題 4

システム監査基準は、組織体が効果的な情報セキュリティマネジメント体制を構築し、適切なコントロールを整備して運用するための基準を定めたものである。

問題 5

システム監査の被監査部門は、監査対象システムに関する運用ルールなどを説明する。

問題 6

システム監査を実施した後は、評価結果を受けて被監査部門がシステム監査報告書をまとめる。

ポイント1 ITサービス継続性管理

PDCAサイクルにおいて、改善はA(Act)です。なお、ITサービスマネジメントにおけるITサービス継続性管理とは、災害などの発生時にビジネスへの悪影響を最小限にするための活動です。

ポイント2 UPS

UPS (Uninterruptible Power Supply) は無停電電源装置といい、停電時にバッテリー駆動や自家発電に切り替えてコンピュータの電源が落ちないようにするものです。ノートパソコンならバッテリーで代用できますが、デスクトップパソコンには必要です。

ポイント3 ITガバナンスに関する活動の主体

ITガバナンスについて経営者には責任がありますが、ITに関する原則や方針を定めるだけで、各部署で方針に沿った活動を実施します。

ポイント4 情報セキュリティ管理基準

これは、情報セキュリティ管理基準のことです。システム監査基準は、システム監査人の行動規範を定めたものです。システム監査業務の品質を確保し、有効かつ効率的に監査業務を実施するための基準となります。

ポイント5 被監査部門の役割

システム監査では、監査部門だけではなく被監査部門にも相応の役割があります。運用ルールの説明、監査に必要な資料や情報の提供などが該当します。

ポイント6 システム監査報告書と改善計画書

システム監査報告書は、システム監査人がまとめます。それを受けて被監査部門は、改善計画書をまとめます。

問題 1

部門Aと部門Bが利用している情報システムにおいて、サポート部門が、利用者Cから、ネットワーク上のプリンタからレポートが印刷できないという障害の通報を受けた。レポートの印刷の障害に関してSLAで次のように定めているとき、サポート部門の行動のうち、SLAを遵守しているものはどれか。

・障害通報の受付後20分以内に、各利用部門の管理者に障害発生を連絡する。
・障害通報の受付後2時間以内に、障害を解決して通報者及び各利用部門の管理者に障害復旧を連絡する。

ア 受付後すぐに原因調査を行い、対策を実施した。受付の30分後に利用者C及び部門Aと部門Bの管理者に障害発生と障害復旧を連絡した。

イ 受付の10分後に部門Aと部門Bの管理者に障害発生を連絡した。対策を実施し、受付の1時間後に部門Aと部門Bの管理者に障害復旧を連絡した。

ウ 受付の10分後に部門Aの管理者、30分後に部門Bの管理者に障害発生を連絡した。対策を実施し、受付の1時間後に利用者C及び部門Aと部門Bの管理者に障害復旧を連絡した。

エ 受付の15分後に部門Aと部門Bの管理者に障害発生を連絡した。対策を実施し、受付の1時間後に利用者C及び部門Aと部門Bの管理者に障害復旧を連絡した。

（平成30年度春期　問39）

解答1 エ

アは、障害発生の連絡が20分以内に行われていないので、違反です。

イは、利用者Cに対して障害復旧を連絡していないので、違反です。

ウは、30分後に部門Bの管理者に障害発生を連絡していますから、違反です。

エは、20分以内に部門Aと部門Bの管理者に障害発生を連絡し、2時間以内に利用者C及び部門Aと部門Bの管理者に障害復旧を連絡していますから、SLA (Service Level Agreement) を遵守しています。

これだけは覚えておきたい重要単語

- [ ] ITサービスマネジメントはITサービスの品質を向上させるための管理活動
- [ ] ITサービスマネジメントの優れた事例を集めたものがITIL
- [ ] ファシリティマネジメントは、情報システムの施設や設備の維持・保全
- [ ] サービスデスクは問い合わせ窓口
- [ ] インシデント管理はサービスの復旧
- [ ] 可用性管理は、目標とする稼働率の達成
- [ ] 問題管理では再発防止に向けて、障害の根本原因を突き止める
- [ ] BCP (Business Continuity Plan) は事業継続計画
- [ ] SLA (Service Level Agreement) はサービスレベル合意書
- [ ] FAQ (Frequently Asked Question) は、頻繁に尋ねられる質問とその答え
- [ ] UPS (Uninterruptible Power Supply) は無停電電源装置
- [ ] ITガバナンスは、経営目標を達成するために情報システム戦略を策定し、戦略の実行を統制すること
- [ ] 業務プロセスについて記したものが業務記述書
- [ ] 会計監査では、財務状態や経営成績が財務諸表に適正に記載されていることを監査する
- [ ] 業務監査では、取締役が法律および定款にしたがって職務を行っていることを監査する
- [ ] システム監査では、システム部門での業務がルールどおり行われているかを、システム部門以外の人が監査する
- [ ] システム監査人が報告する相手は被監査部門ではなく、依頼者
- [ ] システム監査報告書は、システム監査人がまとめる

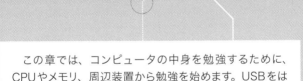

第 **7** 章

テクノロジ系
コンピュータシステム

この章では、コンピュータの中身を勉強するために、CPUやメモリ、周辺装置から勉強を始めます。USBをはじめとした各種インタフェースも必須です。

次に、コンピュータの処理形態が出ます。ここでは、システムの稼働率の計算も重要です。

最後に、ソフトウェアも出題されます。基本ソフトであるOSについての知識も必要ですし、表計算ソフトについては実際に使ったことがないと、ITパスポートを突破するのは難しくなります。

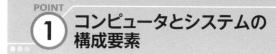

・・・ **基礎問題** ・・・

問題 1 デュアルコアCPUとクアッドコアCPUでは、<u>デュアルコアCPU</u>の方が同時に実行する処理の数を多くできる。

問題 2 ✱ マルチコアプロセッサでも、処理能力は<u>クロック周波数</u>に依存する。

問題 3 GPUとは、三次元グラフィックスの画像処理などをCPUにかわって高速に実行する演算装置である。

問題 4 ✱✱ <u>SRAM</u>は、定期的に再書込みを行う必要があり、主に主記憶に使われる。

問題 5 ✱✱ CPUがデータを読み出すとき、まず<u>1次キャッシュメモリ</u>にアクセスし、データがない場合は<u>2次キャッシュメモリ</u>にアクセスする。

問題 6 <u>フラッシュメモリ</u>は、データ読み出し速度が速いメモリで、CPUと主記憶の性能差を埋めるキャッシュメモリによく使われる。

ポイント1 デュアルコアCPUとクアッドコアCPU

デュアル (Dual) は2つ、クアッド (Quad) は4つという意味です。したがって、クアッドコアCPUの方がコア（処理を行う核となる部分）の数が2倍で、同時に実行する処理の数を多くできます。

ポイント2 クロック周波数

コアが同じなら、処理能力はクロック周波数に依存し、クロック周波数が高いほど処理能力も高いです。ただし、クロック周波数を上げるほどCPU発熱量も増加するので、放熱処置が重要となります。

ポイント3 GPU

GPU は Graphical Processing Unit の略で、グラフィックコントローラとも呼ばれます。

ポイント4 RAM

これは、DRAM (Dynamic Random Access Memory) のことです。SRAM (Static Random Access Memory) は再書込みを行う必要がなく、主にキャッシュメモリに使われます。

ポイント5 キャッシュメモリ

キャッシュメモリは、高速なCPUと低速なメインメモリとの速度の差を調節して高速化するためにあります。ちなみに、このキャッシュは現金 (Cash) ではなく、貯蔵場所 (Cache) という意味です。

ポイント6 フラッシュメモリ

キャッシュメモリによく使われるのは、SRAMです。フラッシュメモリは、電気的に書き換え可能な、不揮発性のメモリで、USBメモリなどに使われています。

問題 7 ☐☐☐

メモリモジュールを装着するためのPC基板上の差込み口を、メモリインタリーブという。

問題 8 ☐☐☐

システムにおいて、ある一部分の処理速度が遅いことによって、システム全体の処理速度が低く抑えられているとき、原因となっている部分をボトルネックという。

＊＊ **問題 9** ☐☐☐

USBの周辺機器側のコネクタ形状は、1種類のみである。

問題 10 ☐☐☐

プラグアンドプレイ機能により、新規に接続された周辺機器に対応するデバイスドライバがOSへ自動的に組込まれる。

問題 11 ☐☐☐

DVD-RAMの記録容量は、BD-Rの記録容量よりも大きい。

＊＊ **問題 12** ☐☐☐

SSDは、電力消費が少なく、機械的な可動部分もない。

ポイント7 メモリスロット

正しくは、メモリスロットです。メモリインタリーブは、メインメモリの見かけ上の読み書き速度を向上させる技術です。

ポイント8 ボトルネック

ボトルネック（Bottle Neck）は、「瓶の首」という意味で、首が細い瓶は中身がなかなか出てこないことに由来します。

ポイント9 USB

USB（Universal Serial Bus）の周辺機器側のコネクタ形状にはいくつかの種類があります。

ポイント10 プラグアンドプレイ

プラグアンドプレイ（Plug and Play＝PnP）は、プラグを差し込む（Plug）と、自動的に実行する（Play）という意味で、ドライバの自動インストール機能とも呼ばれます。

ポイント11 光ディスク

BD-Rの記録容量の方が大きいです。片面2層で50GBの記憶容量があります。DVD-RAMは、何度も書き換えできますが、記憶容量は両面でも9.4GBです。

ポイント12 SSD

SSD（Solid State Drive）は、USBメモリと同じフラッシュメモリでできた補助記憶装置で、ハードディスクドライブよりも高速なため、置き換えが注目されています。ただし高価です。

問題 13 NFCは赤外線を利用して通信を行うものであり、携帯電話のデータ変換などに利用されている。

問題 14 ✱✱ PCに接続された周辺装置と、OSやアプリケーションソフトとを仲介して、周辺装置を制御・操作するソフトウェアを、インストーラという。

問題 15 バッチ処理は、データの処理要求があれば即座に処理を実行して、制限時間内に処理結果を返す方式である。

問題 16 1台のコンピュータを論理的に分割し、それぞれで独立したOSとアプリケーションソフトを実行させ、あたかも複数のコンピュータが同時に稼働しているかのように見せる技術を、マルチブートという。

問題 17 地球規模の環境シミュレーションなどに使われる、大量の計算を超高速で処理する目的で開発されたコンピュータを、マイクロコンピュータという。

問題 18 システムの性能を評価する指標と方法に関して、利用者が処理依頼を行ってから結果の出力が終了するまでの時間をスループットという。

ポイント13 IrDA

赤外線を使うのは、IrDA（Infrared Data Association）です。NFC（Near Field Communication＝近距離無線通信）は、10cm程度の近距離での通信を電波で行うものであり、ICカードやICタグのデータの読み書きに利用されています。

ポイント14 デバイスドライバ

正しくは、デバイスドライバ（Device Driver）です。インストーラ（Installer）は、ソフトウェアをインストールするためのソフトウェアです。

ポイント15 リアルタイム処理とバッチ処理

即座に処理を実行するのは、リアルタイム処理です。バッチ処理は、一定期間または一定量のデータを集め、一括して処理する方式で、バッチには1回分という意味があります。

ポイント16 仮想化

正しくは、仮想化です。マルチブート（Multiboot）も、1台のコンピュータに複数のOSをインストールしますが、切り替えて使いますので、同時に稼働しているようには見えません。

ポイント17 スーパーコンピュータ

正しくは、スーパーコンピュータ（Super Computer）といいます。マイクロコンピュータ（Micro Computer）は、家電製品などに組み込むためのコンピュータです。

ポイント18 ターンアラウンドタイムとスループット

これは、ターンアラウンドタイムの説明です。スループットは、単位時間あたりの処理能力のことです。

7 テクノロジ系 コンピュータシステム

故障などでシステムに障害が発生した際に、システムの処理を続行できるようにすることを、<u>フェールセーフ</u>という。

 <u>ベンチマークテスト</u>では、標準的な処理を設定して実際にコンピュータ上で動作させて、処理にかかった時間などの情報を取得して性能を評価する。

 <u>ターボブースト</u>は、演算を行う核となる部分をCPU内部に複数もち、複数の処理を同時に実行する。

 サーバの仮想化技術において、あるハードウェアで稼働している仮想化されたサーバを停止することなく別のハードウェアに移動させ、移動前の状態から引き続きサーバの処理を継続させる技術を、<u>ストリーミング</u>という。

 <u>シンクライアントシステム</u>では、クライアント側には必要最小限の機能しか持たせず、サーバー側でアプリケーションソフトウェアやデータを集中管理する。

7 テクノロジ系　コンピュータシステム

ポイント19 フォールトトレランス

正しくは、フォールトトレランス（Fault Tolerance）といい
ます。フェールセーフ（Fail Safe）は、機器などに故障が
発生した際に、被害を最小限にとどめるように、システム
を安全な状態に制御することです。

ポイント20 ベンチマークテスト

ベンチマーク（Benchmark）は基準という意味です。なお、
ベンチマーキングというと、経営戦略の手法で、優良企業
を目標として自社を改善することになります。

ポイント21 ターボブースト

これはマルチコア（Multicore）のことです。ターボブースト
（Turbo Boost）は、CPUの消費電力量や許容発熱量に
余裕があるときに、コアの動作周波数を上げる、コンピュー
タの処理性能向上技術です。

ポイント22 ライブマイグレーション

正しくは、ライブマイグレーション（Live Migration）とい
います。ストリーミング（Streaming）は、インターネット
で動画を見るとき、一部だけダウンロードしたらすぐに再生
を始めることです。

ポイント23 シンクライアントシステム

シンクライアントシステムのシン（Thin）は、「薄い・乏しい」と
いう意味で、クライアント側の機能を最小限に抑えたシステ
ムです。たとえばクライアント側のPCが盗難にあっても、デー
タはサーバ側にあるので情報漏えいの恐れがありません。

IrDAは、NFCよりも通信距離が短い。

IEEE1394は、接続ケーブルなどによる物理的な接続を必要としない。

2台のHDDをサーバに接続しているとき、HDDの故障がどちらか片方だけであれば運用が続けられるようにするには、ストライピングの構成にする。

通常使用される主系と、その主系の故障に備えて待機しつつ他の処理を実行している従系の2つから構成されるコンピュータシステムを、デュアルシステムという。

稼働率0.9の装置を2台直列に接続したシステムに、同じ装置をもう1台追加して3台直列のシステムにしたとき、システム全体の稼働率は2台直列のときを基準にすると、90％下がる。

ポイント1 NFCとIrDAの通信距離

NFC (Near Field Communication) は、近距離無線通信の規格で、最大通信距離は10cm程度です。一方、IrDA (Infrared Data Association) は赤外線を使う方式で、障害物があると通信できませんが、最大通信距離は2mほどになります。

ポイント2 IEEE1394

IEEE1394は有線で、パソコンにビデオカメラなどを接続します。接続ケーブルなどによる物理的な接続を必要としないものとしては、BluetoothやIrDAがあります。

ポイント3 ミラーリング

正しくは、ミラーリング (Mirroring) にします。これは、鏡に映すように、同じデータをもう1台のHDDにコピーします。ストライピング (Striping) は、データを分割して記録しますので、アクセス速度は向上しますが、HDDの故障がどちらか片方だけであっても読み取ることができなくなります。

ポイント4 デュプレックスシステム

正しくは、デュプレックスシステム (Duplex System) です。デュアルシステム (Dual System) は、やはり2つのシステムがありますが、両方とも稼働して同じことをしており、互いの処理が正しいことを確認します。両者の違いは覚えにくいのですが、デュアルはデュエット (2人で同時に歌う) に音感が似ていることから覚えましょう。

ポイント5 稼働率の計算

直列の稼働率は掛け算ですから、2台では0.9×0.9＝0.81です。3台では、これにさらに0.9を掛けますから、90%ではなく、1－0.9＝0.1＝10%下がるだけです。

POINT

2 ソフトウェアとハードウェア

• • **基礎問題** • •

問題 1

利用者がPCの電源を入れてから、そのPCが使える状態になるまでの間では、OSの読み込みの前に、BIOSの読み込みが行われる。

★★ **問題 2**

OSS (Open Source Software) では、著作権は放棄されている。

問題 3

コンピュータに対する命令を、プログラム言語を用いて記述したものを、バイナリコードという。

問題 4

FortranやC言語で記述されたプログラムは、機械語に変換されてから実行される。

★★ **問題 5**

Webサイトからファイルをダウンロードしながら、その間に表計算ソフトでデータ処理を行うというように、1台のPCで、複数のアプリケーションプログラムを少しずつ互い違いに並行して実行するOSの機能を、マルチタスクという。

問題 6

PCのキーボードのテンキーは、数値や計算式を素早く入力するために、数字キーと演算に関連するキーをまとめた部分のことである。

ポイント1 BIOS

BIOS (Basic Input Output System＝バイオス) は、PC
の電源投入と同時に実行され、CPUに最小限必要な指示
を与えます。

ポイント2 OSS

OSSは、ソースコードが一般利用者に開示されており、再配
布も自由ですが、著作権は放棄されていません。また、ライセ
ンス条件に従えば、利用環境にあわせてソースコードを改変
できることがメリットですが、保守サポートは受けられません。

ポイント3 ソースコードとバイナリコード

正しくは、ソースコード (Source Code) です。ソースコー
ドをコンパイル (Compile) すると、CPUが理解できる2進
数のバイナリコードになります。

ポイント4 機械語

FortranやC言語で記述されたプログラムがソースコード
で、機械語がバイナリコードです。

ポイント5 マルチタスク

マルチタスク (Multitask) のマルチは「複数」、タスクは「処
理」という意味です。

ポイント6 テンキー

テンキー (Ten Key) は、0～9の10個の数値キーがある
ので、テンです。他に＋－のキーなどもあります。ファンクショ
ンキー (Function Key) は、OSやアプリケーションごとに
特定の機能を割り当てられたキーです。

問題 7 感光ドラム上に印刷イメージを作り、粉末インク(トナー)を付着させて紙に転写、定着させる方式のプリンタを、レーザプリンタという。

問題 8 紙に書かれた過去の文書や設計図を電子ファイル化して、全社で共有したい。このときに使用する機器は、プロッタである。

問題 9 タッチパネルの複数のポイントに同時に触れて操作する入力方式を、マルチタスクという。

問題 10 A～Zの26種類の文字を表現する文字コードに最小限必要なビット数は、5である。

問題 11 (A∪B)は、(A∩B)の部分集合である。

** 問題 12 32ビットCPUと64ビットCPUでは、64ビットCPUの方が取り扱えるメモリ空間の理論上の上限は大きい。

** 問題 13 複数のデータが格納されているスタックからのデータを取り出すには、最初に格納されたデータを最初に取り出す。

ポイント7 レーザプリンタ

レーザプリンタ (Laser Printer) の動作原理は、コピー機と同じで、主にオフィスで使われます。

○

ポイント8 スキャナ

文書や設計図を電子ファイル化するのは、スキャナ (Scanner) です。プロッタ (Plotter) は出力機器で、ペンを動かして作図します。

×

ポイント9 マルチタッチ

マルチタスク (Multitask) は、複数の処理を並列して同時に実行することです。問題文の入力方式は、マルチタッチ (Multitouch) のことです。

×

ポイント10 ビット数

$2^5 = 32$ ですから、26種類の文字を表現するには十分です。一方、$2^4 = 16$ ですから、4ビットでは足りません。ですから、最低5ビット必要です。

○

ポイント11 集合

逆です。($A \cap B$) はAとBの共通部分で、($A \cup B$) はAとBの両方ですから、($A \cap B$) は ($A \cup B$) の部分集合です。

×

ポイント12 32ビットCPU・64ビットCPU

32ビットCPUで取り扱えるメモリ空間は 2^{32}、64ビットCPUでは 2^{64} です。

○

ポイント13 スタック

最初に格納されたデータを最初に取り出すのは、キュー (Queue) の場合です。スタック (Stack) では、最初ではなく、最後に格納されたデータを最初に取り出します。

×

問題 1

Firefoxは、OSS（Open Source Software）である。

問題 2

PCなどの仕様の表記として、ディスプレイの解像度には、SXGAやQVGAなどが用いられる。

問題 3

ブレードサーバは、CPUやメモリを搭載したボード型のコンピュータを、専用の筐体に複数収納して使う。

問題 4

8ビットの2進数のデータXと00001111について、ビットごとの論理積をとると、下位4ビットがすべて0になり、Xの上位4ビットがそのまま残る。ここでデータの左方を上位、右方を下位とする。

問題 5

ワイルドカードを使って「*A*.te??」の表現で文字列を検索するとき、A.textは、検索条件に一致する。

問題 6

先入れ先出し（First-In First-Out ＝ FIFO）処理を行うのに適したキューと呼ばれるデータ構造に対して8、1、6、3の順に値を格納してから、取り出しを続けて2回行うと、2回目の取り出しで得られるのは、1である。

ポイント1 OSSの例

その他に、Linux、ThunderbirdやAndroidもOSSです。

ポイント2 ディスプレイの解像度

QVGAは、横1280×縦960ドット、SXGAは、横1280×縦1024ドットです。

ポイント3 ブレードサーバ

ブレードサーバ(Blade Server)のブレードは「刃」という意味で、刃のように薄いサーバーを1つの筐体に複数搭載し、電源や空調なども共有します。ラックマウント型よりも高密度です。

ポイント4 論理積

正しくは、上位4ビットがすべて0になり、Xの下位4ビットがそのまま残ります。論理積は、両方とも1のときのみ1でそれ以外は0なので、0000との論理積は0になります。一方、1111との論理積は、相手が1なら1ですし、0なら0ですから、そのまま残ります。

ポイント5 ワイルドカード

ワイルドカードの「?」は任意の1文字を表し、「*」は0個以上の任意の文字から成る文字列を表します。したがって、*A*.は「.」の左側にAがあれば他はなんでもよく、「.」の右側にはteに続く2文字が必要です。

ポイント6 キューの取り出し順

最初にキューに入るのが8、2番目が1です。キューでは、取り出しの順番も同じですから、2番目に1が取り出されます。

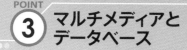

7 テクノロジ系 コンピュータシステム

● ● ● **基礎問題** ● ● ●

問題 1 ブログの機能の1つで、ある記事から別の記事に対してリンクを設定すると、リンク先となった別の記事からリンク元となった記事へのリンクが自動的に設定される仕組みのことを、RSS という。

問題 2 イラストなどに使われている、最大表示色が256色である静止画圧縮のファイル形式は、JPEG である。

問題 3 ★★ AR は、実際に搭載されているメモリの容量を超える記憶空間を作り出し、主記憶として使えるようにする技術である。

問題 4 ★★ ストリーミングを利用した動画配信では、動画のデータがすべてダウンロードされるのを待たず、一部を読み込んだ段階で再生が始まる。

問題 5 ★★ 言語、文化、性別及び年齢の違いや、障害の有無や能力の違いなどに関わらず、できる限り多くの人が快適に利用できることを目指した設計を、バリアフリーデザインという。

問題 6 ★★ 関係データベースの設計においては、対象とする業務を分析して、そこで使われるデータを洗い出し、実体や関連から成る E-R図 を作成する。作成したE-R図をもとにテーブルを設計する。

ポイント1 トラックバック

正しくは、トラックバック（Track Back）といいます。RSSは、ブログやニュースなどの更新情報を配信するためのフォーマットの総称です。

ポイント2 GIF

最大表示色が256色なのは、GIF（Graphics Interchange Format）です。JPEG（Joint Photographic Experts Group）は、フルカラー（約1,677万色）の静止画を圧縮する方式です。

ポイント3 AR

これは、仮想記憶のことです。AR（Augmented Reality＝拡張現実）は、実際の環境を捉えているカメラ映像などに、コンピュータが作り出す情報を重ね合わせて表示する技術です。

ポイント4 ストリーミング

ストリーミング（Streaming）は、マルチメディアファイル（動画と音声）を転送・再生する方式です。Streamには「とめどなく流れる」という意味があります。

ポイント5 ユニバーサルデザインとバリアフリーデザイン

正しくは、ユニバーサルデザイン（Universal Design）です。バリアフリーデザイン（Barrier Free Design）は、障害者や高齢者などの障害を取り除くことだけを目的としています。

ポイント6 E-R図

E-R図のEは実体（Entity）で、Rは関連（Relationship）です。

<u>E-R図</u>は、構造化プログラミングのためのアルゴリズムを表記する。

関係データベースにおける<u>主キー</u>に設定したフィールドの値を更新することはできない。

データベースにおける<u>外部キー</u>を設定したフィールドには、重複する値を設定することはできない。

問題
10
関係データベースのデータを<u>正規化</u>することにより、データの重複や矛盾を排除することができる。

問題
11
関係データベースの関係演算には、<u>結合</u>、<u>射影</u>、<u>順次</u>、<u>選択</u>がある。

<u>関係データベースのレコード</u>は、親子関係を表すポインタでそれぞれ関連付けられる。

ポイント7 構造化チャート

構造化プログラミングのためのアルゴリズムを表記するの
は、構造化チャートです。E-R図は、データベースの設計
にあたって、データ間の関係を表記します。

×

ポイント8 主キー

更新することは可能です。また、主キーはNULLであって
はいけませんが、主キーに設定したフィールドは他の表の
外部キーとして参照することができ、主キーは複数フィール
ドを組み合わせて設定することもできます。

×

ポイント9 外部キー

重複する値を設定することができます。その他にも、1つの
表に複数の外部キーを設定することができますし、複数の
フィールドを、まとめて1つの外部キーとして設定すること
もできます。

×

ポイント10 正規化

正規化には、第1正規化から第3正規化まであり、これに
より、保守性が高まります。

○

ポイント11 関係演算

順次は、関係データベースとは関係なく、コンピュータの
処理を順番に行うことを意味します。結合、射影、選択は、
関係演算です。

×

ポイント12 関係データベースと階層型データベース

これは、階層型データベースの場合です。関係データベー
スの場合は、複数の表のレコードは、対応するフィールド
の値を介して関連付けられます。

×

問題 13 ✳✳

DBMSには、データ検索・更新の機能がある。

問題 14

DBMSにおけるインデックスは、レコードを一意に識別するためのフィールドである。

問題 15 ✳✳

DBMSにおいて、データへの同時アクセスによる矛盾の発生を防止し、データの一貫性を保つための機能を、リストアという。

問題 16

キーボード入力を補助する機能の1つであり、入力中の文字から過去の入力履歴を参照して、候補となる文字列の一覧を表示することで、文字入力の手間を軽減するものを、オートフィルタという。

問題 17

デッドロックとは、コンピューターの利用開始時に行う認証において、認証の失敗が一定回数以上あったとき、その利用者のアクセスを禁止することである。

ポイント13 DBMS

DBMS（Data Base Management System＝データベース管理システム）は、データベースの運用、管理のためのシステムです。

ポイント14 主キーとインデックス

レコードを一意に識別するためのフィールドは、主キーです。インデックス（Index）は、検索を高速に行う目的で、必要に応じて設定し、利用する情報です。

ポイント15 排他制御

正しくは排他制御といいます。リストア（Restore）は、データベースを復旧することです。

ポイント16 オートコンプリートとオートフィルタ

これは、オートコンプリート（Auto Complete）で、ブラウザや表計算ソフトなどに備わっている機能です。オートフィルタ（Auto Filter）も表計算ソフトに備わっている機能ですが、特定の条件に合致したデータを絞り込みます。

ポイント17 デッドロックとロックアウト

デッドロックとは、複数のプロセスが共通の資源を排他的に利用する場合に、お互いに相手のプロセスが占有している資源が解放されるのを待っている状態のことなので、誤りです。問題文は、ロックアウトの説明です。

問題 1
拡張子aviが付くファイルが扱う対象は、動画である。

問題 2 ✱
SDカードやDVD-Rなどに採用され、ディジタルコンテンツを記録メディアに一度だけ複製することを許容する著作権保護技術を、CPRMという。

問題 3
ファイルのあるレコードが変更されたときに、変更された内容を特定するには、ファイルのサイズおよび更新日時を記録しておく。

問題 4
DBMSにおいてトランザクションは、一連の処理がすべて成功したら処理結果を確定し、途中で失敗したら処理前の状態に戻す特性を持つ。

問題 5
DBMSにおいて、あるサーバのデータを他のサーバに複製し、同期をとることで、可用性や性能の向上を図る手法のことを、レプリケーションという。

問題 6 ✱✱
トランザクション処理におけるロールバックとは、トランザクションが正常に処理されたときに、データベースへの更新を確定させることである。

ポイント1　AVI

AVI (Audio Video Interleave) は、マイクロソフト社が開発した、動画用ファイル形式です。

ポイント2　CPRM

CPRM (Content Protection for Recordable Media) は、一度だけ複製可能です。

ポイント3　レコードの変更と特定

ファイルのサイズおよび更新日時を記録しておくだけでは、変更された内容を特定することはできません。正しくは、ファイルの複製をとっておき後で照合します。

ポイント4　トランザクション

トランザクション (Transaction) は、元々は「取引」という意味ですが、コンピュータの世界では「処理」という意味で使われます。

ポイント5　レプリケーション

レプリケーション (Replication) とは、「複製」という意味です。

ポイント6　ロールバック

確定させるのは、コミット (Commit) です。ロールバック (Rollback＝巻き戻し) は、何らかの理由で、トランザクションが正常に処理されなかったときに、データベースをトランザクション開始前の状態にすることです。

-

問題 **1**

PCの製品カタログに表のような項目の記載がある。これらの項目に関する記述のうち、適切なものはどれか。

CPU	
	動作周波数
	コア数／スレッド数
	キャッシュメモリ

ア 動作周波数は、1秒間に発生する、演算処理のタイミングを合わせる信号の数を示し、CPU内部の処理速度は動作周波数に反比例する。

イ コア数は、CPU内に組み込まれた演算処理を担う中核部分の数を示し、デュアルコアCPUやクアッドコアCPUなどがある。

ウ スレッド数は、アプリケーション内のスレッド処理を同時に実行することができる数を示し、小さいほど高速な処理が可能である。

エ キャッシュメモリは、CPU内部に設けられた高速に読み書きできる記憶装置であり、一次キャッシュよりも二次キャッシュの方がCPUコアに近い。

(平成28年度秋期 問60)

解答1 イ

ア CPU内部の処理速度は動作周波数（クロック周波数）に反比例ではなく、比例します。

イ 正しいです。

ウ スレッド数は、小さいほどではなく、大きいほど高速な処理が可能です。

エ 二次キャッシュよりも一次キャッシュの方がCPUコアに近いです。

問題 2

支店ごとの月別の売上データを評価する。各月の各支店の"評価"欄に、該当支店の売上額がA～C支店の該当月の売上額の平均値を下回る場合に文字"×"を、平均値以上であれば文字"○"を表示したい。セルC3に入力する式として、適切なものはどれか。ここで、セルC3に入力した式は、セルD3、セルE3、セルC5～E5、セルC7～E7に複写して利用するものとする。

単位　百万円

	A	B	C	D	E
1	月	項目	A 支店	B 支店	C 支店
2	7 月	売上額	1,500	1,000	3,000
3		評価			
4	8 月	売上額	1,200	1,000	1,000
5		評価			
6	9 月	売上額	1,700	1,500	1,300
7		評価			

ア IF($C2＜平均(C2：E2), ' ○ ', ' × ')

イ IF($C2＜平均(C2：E2), ' × ', ' ○ ')

ウ IF(C2＜平均($C2：$E2), ' ○ ', ' × ')

エ IF(C2＜平均($C2：$E2), ' × ', ' ○ ')

（平成30年度春期　問60）

解答2 エ

IF関数の書式は、IF(条件式, 正しいときの値, 正しくないときの値) です。選択肢はすべて、「C2が平均よりも小さい」という条件式ですから、正しい(平均値より小さい)ときは'×'、正しくない(平均値以上のとき)ときは'○'にするべきで、選択肢の**イ**か**エ**が候補になります。一方、C2とは「該当支店の売上額」ですから、相対参照で変化しなければなりません。したがって、「$C2」を使っている選択肢**イ**は除外され、**エ**だけが残ります。なお、「A～C支店の該当月の売上額の平均値」を示す式は、右にコピーしても列が動かないように「平均($C2：$E2)」とする必要があります。

これだけは覚えておきたい重要単語

- [ ] クロック周波数が高いほど、PCの命令実行速度は向上する
- [ ] GPUは、三次元グラフィックスの画像処理などを高速実行
- [ ] DRAMは定期的に再書込みを行う必要があり、主に主記憶に使われる
- [ ] SRAMは再書込みを行う必要がなく、主にキャッシュメモリに使われる
- [ ] ボトルネック(瓶の首)は、システム全体の制約になっている部分
- [ ] ソースコードをコンパイルすると機械語のバイナリコードになる
- [ ] バッチ処理は、一定期間または一定量のデータを一括して処理
- [ ] 仮想化はコンピュータを論理的に分割し、複数のコンピュータが同時に稼働しているように見せる技術
- [ ] Bluetoothは電波による無線通信の標準化規格
- [ ] IrDAは、赤外線による無線通信の技術
- [ ] マルチタスクは、複数の処理を切り替えながら実行
- [ ] 2つのシステム(主系と待機系)が別の処理をしているのがデュプレックスシステム
- [ ] 2つのシステムとも同じ処理をしているのがデュアルシステム
- [ ] フォールトトレランスは、問題が生じても動作し続けるシステムの設計
- [ ] フェールセーフは、問題が生じても被害を最小限にとどめるシステムの設計
- [ ] パソコン起動時は、BIOS、OSの順に動作
- [ ] OSSは作者に著作権を残したまま無償公開されたソフトウェア
- [ ] OSSの例として、Firefox、Linux、Thunderbird、Androidなど
- [ ] DBMSはデータベース管理システム
- [ ] 関係データベースの主キーで、レコード(行)を一意に識別

第 **8** 章

テクノロジ系
ネットワーク

この章では、主にインターネットと、Wi-Fiに代表される無線LANを学びます。

ネットワークでは、プロトコルという通信を行うための約束事が必要です。したがってここではいくつかのプロトコルを覚えなくてはいけません。SMTP、POP3、MIME、S/MIME、DNS、NAT、NTPなど、英語の略語が多く出てきますので、英語が得意だと有利です。

・・・ 基礎問題 ・・・

問題 1

<u>通信プロトコル</u>とは、インターネット通信でコンピュータを識別するために使用される番号である。

問題 2 ＊＊

電子メールのプロトコルには、受信に<u>SMTP</u>、送信に<u>POP3</u>が使われる。

問題 3 ＊＊

<u>IMAP4</u>は、電子メールでテキスト以外のデータフォーマットを扱えるようにするための仕組みである。

問題 4

通信プロトコルである<u>POP</u>は、離れた場所にあるコンピュータを、端末から遠隔操作するためのプロトコルである。

問題 5 ＊＊

<u>グローバルIPアドレス</u>は他で使用されていなくても、許可を得ることなく自由に設定し、使用することはできない。

問題 6

<u>プライベートIPアドレス</u>は、<u>ICANN</u>(Internet Corporation for Assigned Names and Numbers) によって割り当てられる。

ポイント1 通信プロトコル

この番号は、IPアドレスのことです。通信プロトコル(Protocol)は、ネットワークを介して通信するために定められた約束事の集合で、それを守っていればOSやメーカーが異なる機器同士でも互いに通信が可能です。

ポイント2 POP3とSMTP

逆です。受信のプロトコルがPOP3、送信のプロトコルがSMTPです。

ポイント3 MIME

問題文の仕組みは、MIME(Multipurpose Internet Mail Extension)です。IMAP4は、メールサーバ上で管理されている電子メールを閲覧するためのプロトコルであり、PCとスマートフォンなど複数の端末で1つのメールアカウントを使用する場合は便利です。

ポイント4 Telnet

遠隔操作するためのプロトコルは、Telnetです。POP(Post Office Protocol)は、メールソフトがメールサーバから電子メールを受信するためのプロトコルです。

ポイント5 ISPとIPアドレス

グローバルIPアドレスは、ISP(Internet Service Provider)から正規に配布されたものでなければなりません。勝手に使っても遮断されます。

ポイント6 ICANN

ICANNが割り当てるのは、グローバルIPアドレスです。プライベートIPアドレスは、外部と接続していませんので、自由に設定できます。

| 問題 7 | NATは、ホスト名からIPアドレスを得る。 |

| 問題 8 | MACアドレスには、国別情報が含まれており、同じアドレスを持つ機器は各国に1つしか存在しないように割り当てられる。 |

** | 問題 9 | 無線LANにおいて、あらかじめアクセスポイントへ登録された機器だけに接続を許可するセキュリティ対策を、WPA2という。 |

| 問題 10 | 建物の中など、限定された範囲内を対象に構築する通信ネットワークを、LANという。 |

| 問題 11 | ハブと呼ばれる集線装置を中心として、放射状に複数の通信機器を接続するLANの物理的な接続形態を、バス型という。 |

| 問題 12 | IEEE 802.11伝送規格を使用した異なるメーカの無線LAN製品同士で相互接続性が保証されていることを示すブランド名を、Wi-Fiという。 |

ポイント7 DNSとNAT

ホスト名からIPアドレスを得るのは、DNS (Domain Name System) です。NAT (Network Address Translation) は、プライベートIPアドレスとグローバルIPアドレスを相互変換します。

ポイント8 MACアドレス

MACアドレスには、国別情報は含まれていません。後半部は正しく、MACアドレスは、同じアドレスを持つ機器は世界中で1つしか存在しないように割り当てられます。

ポイント9 MACアドレスフィルタリング

本問に該当するのは、MACアドレスフィルタリングです。WPA2 (Wi-Fi Protected Access 2) は、Wi-Fiの暗号化の規格です。

ポイント10 LAN

LAN (Local Area Network＝ラン) のLocal Areaは、「局所的な場所」という意味です。一方WAN (Wide Area Network＝ワン) は、直訳すると「広い範囲のネットワーク」になります。

ポイント11 スター型

正しくは、スター型です。バス型は、1本のケーブルに複数の通信機器がぶら下がっている形態です。その他にも、円状のリング型、網目状のメッシュ型があります。

ポイント12 Wi-Fi

Wi-Fi (Wireless Fidelity＝ワイファイ) は登録商標で、このブランドがついている機器は、相互に接続できます。

＊＊ 問題 1

電子メールの受信プロトコルであり、電子メールを
メールサーバに残したままで、メールサーバ上に
フォルダを作成し管理できるものを、POP3という。

＊＊ 問題 2

通信の暗号化方式をWPA2からWEPに変更すると、
無線LANのセキュリティが向上する。

問題 3

現在使用しているサーバと同じグローバルIPアド
レスを他のサーバにも設定し、2台同時に使用する
ことはできない。

問題 4

サーバルーム内で、PCとWebサーバをハブに接続
し、PCからWebサーバのメンテナンスを行うには、
WANを利用する必要がある。

問題 5

無線LANは、テザリング機能で用いる通信方式の1
つとして、使用されている。

問題 6

IoTシステム向けに使われる無線ネットワークであ
り、一般的な電池で数年以上の運用が可能な省電力
性と、最大で数10kmの通信が可能な広域性を有す
るのは、LPWAである。

ポイント1 IMAP4

正しくは、IMAP4 (Internet Message Access Protocol version 4) です。POP3 (Post Office Protocol version 3) も電子メールの受信プロトコルですが、電子メールをメールサーバに残したままにはしません。

ポイント2 WEPとWPA2

逆です。WEP (Wired Equivalent Privacy) よりもWPA2 (Wi-Fi Protected Access 2) の方がセキュリティ性能が高いです。

ポイント3 グローバルIPアドレスの重複

グローバルIPアドレスは、重複があってはいけません（一意でなければなりません）。ただし、サーバが故障して使用できなくなったため新しく購入したサーバに、同じIPアドレスを設定することはできます。

ポイント4 LANとWAN

サーバルーム内のことですから、LANで十分です。これが例えば、大分営業所内のLANに接続されたPCから、大阪本社内のサーバにアクセスするのであれば、WANを利用する必要があります。

ポイント5 テザリング

テザリング (Tethering) は、スマートフォンなどの通信機能を用いて、他のパソコンなどをインターネットに接続するものです。

ポイント6 LPWA

LPWAは、Low Power Wide Areaの略で、Low Power は省電力、Wide Areaは広範囲のことです。

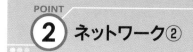

● ● ● **基礎問題** ● ● ●

問題 1
□□□
電子メールの受信者は、同じメールが<u>Bcc</u>に記載された受信者にも届いていることが分かるが、<u>Cc</u>に記載された受信者のことは分からない。

問題 2
□□□
<u>メーリングリスト</u>による電子メールを受信すると、その宛先には他の登録メンバのメールアドレスは記述されない。

問題 3
□□□
自分名義の複数のメールアドレス宛に届いた電子メールを1つのメールボックスに保存するには、<u>メール転送機能</u>を利用する。

問題 4
□□□
<u>Webメール</u>は、メールソフトのかわりに、Webブラウザだけあれば電子メールの送受信ができる。

問題 5
□□□
<u>イントラネット</u>とは、複数の企業間で電子商取引を行うために構築されたネットワークである。

✻✻ 問題 6
□□□
<u>VPN</u>とは、社内ネットワークなどに接続する前に、PCのセキュリティ状態を検査するために接続するネットワークである。

8
テクノロジ系 ネットワーク

ポイント1 CcとBcc

逆です。Cc (Carbon Copy) に記載された受信者にも届いていることが分かりますが、Bcc (Blind Carbon Copy) に記載された受信者のことは分かりません。

ポイント2 メーリングリスト

メーリングリスト (Mailing List) は、特定のメールアドレスに電子メールを送ると、そのアドレスに対応して登録済みの複数のメールアドレスに同じ内容のメールを配信する仕組みで、電子メールを複数の人に同時配信できますが、他の登録メンバのメールアドレスは分かりません。

ポイント3 メール転送機能

メール転送機能により、1つのメールボックスに保存できます。

ポイント4 Webメール

Webメールはまた、電子メールをPCにダウンロードして保存することなく閲覧できます。さらに、PCを買い替えた場合でも、過去の電子メールの移行が不要です。

ポイント5 イントラネットとエクストラネット

これは、エクストラネット (Extranet) のことです。イントラネット (Intranet) は、インターネットの技術を利用して構築された組織内ネットワークのことです。

ポイント6 VPN

VPN (Virtual Private Network) は、公衆ネットワークなどを利用して構築された、専用ネットワークのように使える仮想的なネットワークなので、誤りです。問題文は、検疫ネットワークのことです。

問題 7 ★★
FTTHは、光ファイバを使った家庭向けの通信サービスの形態である。

問題 8 ★★
コンピュータの内部時計を、基準になる時刻情報を持つサーバとネットワークを介して同期させるときに用いられるプロトコルを、FTPという。

問題 9
PCをネットワークに接続せずに単独で利用する形態を、スタンドアロンと呼ぶ。

問題 10
サブネットマスクは、ネットワーク内のコンピュータに対してIPアドレスなどのネットワーク情報を自動的に割り当てるのに用いる。

問題 11
オンラインストレージは、インターネット経由で構築される仮想的なプライベートネットワークである。

問題 12 ★★
クロスサイトスクリプティングなどの攻撃で、Cookieが漏えいすることにより、PCがウイルスに感染する。

ポイント7 FTTH

FTTHは、Fiber To The Homeの略で、「家庭に光ファイバーを」という合言葉になっています。

ポイント8 NTP

正しくは、NTP（Network Time Protocol）です。FTP（File Transfer Protocol）は、ファイル転送プロトコルです。

ポイント9 スタンドアロン

スタンドアロン（Stand Alone）は、直訳すると「（ネットワークに加わらずに）一人で立っている」という意味です。

ポイント10 サブネットマスク

問題文の説明は、DHCP（Dynamic Host Configuration Protocol）のことです。サブネットマスク（Subnet Mask）は、IPアドレスのネットワークアドレス部とホストアドレス部の境界を示すのに用います。

ポイント11 VPNとオンラインストレージ

これは、VPN（Virtual Private Network）のことです。オンラインストレージ（Online Storage）は、インターネット経由でデータを保管するディスク領域を貸し出すサービスです。

ポイント12 Cookie

Cookieはブラウザで閲覧したときの情報を、ブラウザを介して閲覧者のPCに一時的に保存する仕組みです。Cookieの漏えいで、PCがウイルスに感染することはありませんが、Webサービスのアカウントを乗っ取られる恐れがあります。

ネットワークを構成する機器であるルータが持つ<u>ルーティング機能</u>は、ホスト名とIPアドレスの対応情報を管理し、端末からの問い合せに応答するものである。

 <u>プロキシサーバ</u>の役割は、プライベートIPアドレスとグローバルIPアドレスを相互変換することである。

 <u>SIMカード</u>とは、ディジタル放送受信機に同梱（こん）されていて、ディジタル放送のスクランブルを解除するために使用されるカードである。

 パラレルポートやシリアルポート、LAN端子、HDMI端子などの複数種類の接続端子を持っていて、タブレット端末やノートPCなどに接続して利用する機能拡張用の機器を、<u>USBハブ</u>という。

 <u>ESSID</u>は、管理者が自由に変更することができる。

問題 ESSIDを<u>ステルス化</u>すると、無線LANのセキュリティが向上する。

ポイント13 ルーティング機能

これは、DNS（Domain Name System）の機能です。ルーティング機能は、異なるネットワークを相互接続し、最適な経路を選んでパケットの中継を行うものです。

ポイント14 プロキシサーバ

この相互変換は、NAT（Network Address Translation）が行います。プロキシサーバ（Proxy Server）の役割は、内部ネットワーク内のPCにかわってインターネットに接続することで、Proxyは「代理」という意味です。

ポイント15 SIMカード

これは、B-CASカードのことです。SIM（Subscriber Identity Module）カードとは、携帯電話機などに差し込んで使用する、電話番号や契約者IDなどが記録されたICカードのことです。

ポイント16 ポートリプリケータ

正しくは、ポートリプリケータ（Port Replicator）といいます。USBハブ（Hub）は、複数のUSBの接続端子を持ち、接続できるUSB機器を増やすだけです。

ポイント17 ESSID

ESSID（Extended Service Set Identifier）は、無線LANのアクセスポイントと無線ネットワークの識別名で、管理者であれば、自由に決められます。

ポイント18 ステルス化

ステルス化とは、ESSIDを見えなくすることで、知っている人以外が勝手にネットワークに入ってくることを防ぎます。

問題 1 □□□ ネットワークにおける輻輳（ふくそう）とは、通信が急増し、ネットワークの許容量を超え、つながりにくくなることである。

問題 2 □□□ 仮想移動体通信事業者（MVNO）は、携帯電話やPHSなどの移動体通信網を自社で持ち、自社ブランドで通信サービスを提供する。

テクノロジ系　ネットワーク

問題 3 □□□ 全文検索型検索エンジンの検索データベースを作成する際に用いられ、Webページを自動的に巡回・収集するソフトウェアを、クローラという。

** 問題 4 □□□ あるネットワークに属するPCが、別のネットワークに属するサーバにデータを送信する際、経路情報が必要である。PCが送信相手のサーバに対する特定の経路情報を持っていないときの送信先として、ある機器のIPアドレスを設定しておく。この機器の役割をルータと呼ぶ。

問題 5 □□□ 無線通信におけるLTEとは、アクセスポイントを介さずに、端末同士で直接通信する無線LANの通信方法のことである。

問題 6 □□□ 複数の異なる周波数帯の電波を束ねることによって、無線通信の高速化や安定化を図る手法を、FTTHという。

ポイント1 輻輳

輻輳が起こると、パケットの配送の遅延や破棄につながり、もっとひどい場合には、通信不能になるおそれもあります。

ポイント2 仮想移動体通信事業者

移動体通信網を自社で持つのは、電気通信事業者です。仮想移動体通信事業者(MVNO＝Mobile Virtual Network Operator)は、他の事業者の移動体通信網を借用して、自社ブランドで通信サービスを提供します。

ポイント3 クローラ

クローラ(Crawler)のCrawlは、水泳のクロールのことで、「はって行く」「のろのろ進む」などの意味があります。

ポイント4 デフォルトゲートウェイ

ルータではなく、デフォルトゲートウェイと呼びます。デフォルトは「規定値」、ゲートウェイは「入口」という意味です。

ポイント5 LTE

この通信方法は、アドホック接続のことです。LTE(Long Term Evolution)は、第3世代携帯電話よりも高速なデータ通信が可能な、携帯電話の無線通信規格です。

ポイント6 キャリアアグリゲーション

正しくは、キャリアアグリゲーション(Carrier Aggregation)といいます。FTTH(Fiber To The Home)は、光ファイバーを各家庭にまで敷設することです。

問題 **1**

仮想的に二つのESSIDをもつ無線LANアクセスポイントを使用して、PC、タブレット、ゲーム機などの機器をインターネットに接続している。それぞれのESSIDを次の設定で使用する場合、WEPの暗号化方式の脆弱性によって、外部から無線LANに不正アクセスされたときに発生しやすい被害はどれか。

		ESSID1	ESSID2
設定	暗号化方式	WPA2	WEP
	暗号化キー	ESSID2 のものとは異なるキー	ESSID1 のものとは異なるキー
	通信制限	なし	接続した機器から管理画面とLAN内の他の機器への通信は拒否
使用方法		PC, タブレットを接続	ゲーム機だけを接続

ア ESSID1に設定した暗号化キーが漏えいする。

イ PCからインターネットへの通信内容が漏えいする。

ウ インターネット接続回線を不正利用される。

エ タブレットに不正アクセスされる。

(平成30年度春期 問100)

解答1 ウ

WEPには脆弱性があり、現在では使われていません。
一方、WPA2はその脆弱性を改善したものですから安全です。したがって、危険なのは、ESSID2です。

アについては、暗号化キーが漏えいするとすれば、管理画面からですが、ESSID2でも管理画面への通信は拒否していますので、漏えいする心配はありません。

イについては、PCはWPA2で保護されているESSID1に接続されていますので、漏えいする心配は低いです。

ウについては、ESSID2で使用されているWEPに脆弱性があるため、インターネット接続回線を不正利用される恐れがあります。

エについては、**イ**と同じく、タブレットはESSID1に接続されているので、安心です。

以上より、正解は**ウ**です。

これだけは覚えておきたい重要単語

- [ ] 通信プロトコルは、ネットワークを介して通信するために定められた約束事
- [ ] LAN（Local Area Network）よりも広い範囲をつなぐのがWAN（Wide Area Network）
- [ ] メールの送信はSMTP、受信はPOP3、画像はMIMEで暗号化したものがS/MIME
- [ ] グローバルIPアドレスはICANNが割り当てる
- [ ] DNSはIPアドレスとドメイン名を変換
- [ ] NATはプライベートIPアドレスとグローバルIPアドレスを変換
- [ ] ESSIDは、無線LANのアクセスポイントと無線ネットワークの識別名
- [ ] プロキシサーバは、内部ネットワークのPCにかわってインターネットに接続
- [ ] ルータは異なるネットワークを相互接続し、最適な経路を選んで中継
- [ ] FTTH（Fiber To The Home）は、光ファイバーを各家庭へ
- [ ] テザリングは、スマートフォンなどの通信機能を用いて、他のパソコンをインターネットに接続
- [ ] スタンドアロンはネットワークに接続せずに単独で利用
- [ ] サブネットマスクは、IPアドレスのネットワークアドレス部とホストアドレス部の境界を示す
- [ ] イントラネットは組織内のネットワーク、複数の企業間を繋いだネットワークがエクストラネット
- [ ] オンラインストレージは、インターネット経由でデータを保管するディスク領域を貸し出す
- [ ] 仮想移動体通信事業者は他の事業者の移動体通信網を借用して、自社ブランドで通信サービスを提供
- [ ] クローラはWebページを自動的に巡回して情報収集
- [ ] Cookieはブラウザで閲覧したときの情報を、ブラウザを介して閲覧者のPCに一時保存

第 | **9** | 章

テクノロジ系
セキュリティ

　インターネットが普及し始めた頃と違い、現在はセキュリティがとても大切になっています。それには、攻撃手法が年々高度化、巧妙化しているという背景があります。

　それにともなって、ITパスポート試験においても、セキュリティの比率は以前よりも高くなっています。

　最初は、どんな攻撃手法があるのかを学びます。そして、認証や暗号化の技術など、進化する攻撃手法に対してどのような対抗手段があるのかについて、確認しておきましょう。

• • • 基礎問題 • • •

問題 1 ** キーロガーやワームのような悪意のあるソフトウェアの総称を、マルウェアという。

問題 2 PCがウイルスに感染しないようにするための対策としては、ソフトウェアに対するセキュリティパッチの適用がある。

問題 3 職場のPCで、ウイルス対策ソフトでウイルスを検出した旨のメッセージが表示されたら、直ちに行うべきことは、ファイルのバックアップである。

問題 4 ** PC内のファイルを暗号化して使用不能にし、復号するためのキーと引換えに金品を要求するソフトウェアを、ランサムウェアという。

問題 5 ** スパイウェアとは、多数のPCに感染して、ネットワークを通じた指示に従ってPCを不正に操作することで一斉攻撃などの動作を行うプログラムのことである。

問題 6 大量のアクセスを集中させて、サービスを停止させるのは、サイバー攻撃の例である。

ポイント1 マルウェア

マルウェア（Malware）とは、「悪の」を意味するMalと
Softwareを組み合わせた造語です。もちろん、コンピュー
タウィルスも含まれます。

ポイント2 ウィルスへの予防策

正しいです。その他にも、ウィルス対策ソフトの導入や、利
用者に対するセキュリティ教育などがあります。

ポイント3 ウィルス検出時の対処

そうではなく、ネットワークから切断し、他のPCにウィル
スが感染するのを防止するのが第一です。

ポイント4 ランサムウェア

ランサムウェア（Ransomware）のRansomは「身代金」と
いう意味ですが、お金を払っても復号してもらえないことが
ほとんどです。

ポイント5 ボット

これは、ボット（Bot）のことです。スパイウェア（Spyware）
は、利用者が認識することなくインストールされ、利用者
の個人情報やアクセス履歴などの情報を収集するプログラ
ムのことです。

ポイント6 サイバー攻撃

サイバー攻撃とは、コンピュータ・ネットワークを利用した
攻撃全般を指します。他にも、サーバの脆弱性を利用して
Webサイトに侵入してデータを改ざんしたり、バックドアを
利用して他人のPCを遠隔操作する例などがあります。

オンラインバンキングにおいて、マルウェアなどで
ブラウザを乗っ取り、正式な取引画面の間に不正な
画面を介在させ、振込先の情報を不正に書き換えて、
攻撃者の指定した口座に送金させるなどの不正操作
を行うことを、SQL インジェクションと呼ぶ。

 情報セキュリティ上の脅威であるゼロデイ攻撃と
は、ソフトウェアの脆弱性への対策が公開される前
に、脆弱性を悪用するものである。

 バッファオーバフロー攻撃に対しては、ソフトウェ
アの脆弱性を修正するパッチを適用することが最も
有効な対策である。

 Web サーバの認証において、同じ利用者 ID に対し
てパスワードの誤りがあらかじめ定められた回数連
続して発生した場合に、その利用者 ID を自動的に
一定期間利用停止にするセキュリティ対策を行っ
た。この対策によって、最も防御の効果が期待でき
る攻撃は、パスワードリスト攻撃である。

 人の心理的な隙や不注意に付け込んで機密情報など
を不正に入手する手法を、DoS 攻撃という。

ポイント7 MITB攻撃

正しくは、MITB (Man In The Browser) 攻撃といいます。
SQLインジェクション (Injection) は、データベースの検索
などを行うSQL文を検索文字列などに混入させ、不正な
操作を行うものです。

ポイント8 ゼロデイ攻撃

対策が公開された日を1日目とすると、その前は0日目に
なることから、ゼロデイ (Zero Day) 攻撃といわれます。

ポイント9 バッファオーバフロー攻撃

バッファオーバフロー攻撃とは、バッファ (メモリ上に一時
的に蓄えられるデータ) を超えるデータを入力し、プログラ
ムを停止させたりします。

ポイント10 ブルートフォース攻撃

正しくは、ブルートフォース攻撃で、総当たり攻撃ともいい
ます。これは、考え得るパスワードの組み合わせを、片っ
端から試してみるやり方です。パスワードリスト攻撃は、あ
らかじめ不正に入手したIDとパスワードの組み合わせを、
他のサイトでも試してみる方法です。

ポイント11 ソーシャルエンジニアリング

正しくは、ソーシャルエンジニアリング (Social Engineering)
です。DoS攻撃とは、サーバなどに大量のデータなどを送り
付け、サービスを不能にする攻撃です。

問題 12 ✱✱ 情報セキュリティにおける<u>クラッキング</u>とは、悪意をもってコンピュータに不正侵入し、データを盗み見たり破壊などを行うことである。

問題 13 ✱✱ <u>フィッシング</u>とは、パスワードに使われそうな文字列を網羅した辞書のデータを使用してパスワードを割り出すことである。

問題 14 ✱✱ 不正アクセスを行う手段の一つである<u>IPスプーフィング</u>とは、侵入を受けたサーバに設けられた、不正侵入を行うための通信経路のことである。

問題 15 ✱✱ <u>クロスサイトスクリプティング</u>とは、利用者に有用なソフトウェアと見せかけて、悪意のあるソフトウェアをインストールさせ、利用者のコンピュータに侵入することである。

問題 16 IDカードによる認証は、<u>知識による認証</u>である。

問題 17 ✱✱ <u>バイオメトリクス認証</u>は、個人の身体的、行動的特徴を用いた認証であり、認証のために個人が情報を記憶したり、物を所持したりする必要はないが、認証用の特別な装置が必要である。

ポイント12 クラッキング

クラッキング（Cracking）のCrackは、元々は「割る」という意味ですが、そこから「押し入る、強引に入り込む、破る」という意味もあります。

ポイント13 辞書攻撃

これは、辞書攻撃のことです。フィッシング（Phishing）とは、金融機関などからの電子メールを装い、偽サイトに誘導して暗証番号やクレジットカード番号などを不正に取得することです。

ポイント14 バックドア

これは、バックドア（Backdoor＝裏口）のことです。IPスプーフィング（Spoofing）とは、偽の送信元IPアドレスをもったパケットを送ることです。

9

テクノロジ系　セキュリティ

ポイント15 トロイの木馬

これは、トロイの木馬のことです。クロスサイトスクリプティング（XSS）とは、Webサイトの運営者が意図しないスクリプトを含むデータであっても、利用者のブラウザに送ってしまう脆弱性を利用し、不正な操作を行います。

ポイント16 知識による認証と所持品による認証

IDカードによる認証は、所持品による認証です。知識による認証としては、パスワード認証があります。

ポイント17 バイオメトリクス認証

バイオメトリクス認証は、身体的・行動的特徴で個人を見分ける技術です。バイオメトリクス認証では個人そのものが鍵になるので、IDやパスワードの記憶はもちろん、他の鍵やカード類の携帯も不要です。

問題 18 スマートフォンのスクリーンを一筆書きのように、あらかじめ登録した順序でなぞることによってスクリーンロックを解除するのは、<u>バイオメトリクス認証</u>の例である。

問題 19 ＊＊ 画面に表示された表のなかで、自分が覚えている位置に並んでいる数字や文字などをパスワードとして入力する方式を、<u>チャレンジレスポンス認証</u>という。

問題 20 ＊＊ <u>シングルサインオン</u>は、パスワードに加えて指紋や虹彩による認証を行うので、機密性が高い。

問題 21 ＊＊ 利用者が、トークンと呼ばれる装置などで生成した毎回異なる情報を用いて、認証を受ける認証方式を、<u>ワンタイムパスワード</u>という。

問題 22 ＊＊ <u>公開鍵暗号方式</u>では、復号には、暗号化で使用した鍵と同一の鍵を用いる。

問題 23 ＊＊ <u>共通鍵暗号方式</u>では、暗号化に使用する鍵を第三者に知られても、安全に通信ができる。

これは、パターン認証の例です。バイオメトリクス認証の例としては、例えば、ATM利用時に、センサに手のひらをかざし、あらかじめ登録しておいた静脈のパターンと照合させることによって認証することなどがあります。

ポイント19 マトリクス認証

正しくは、マトリクス認証といいます。チャレンジレスポンス認証とは、入力されたパスワードと、サーバから送られたデータをクライアント側で演算し、その結果を認証用データに用いる方式です。

9
テクノロジ系 セキュリティ

ポイント20 二要素認証

これは、二要素認証のことです。シングルサインオン(Single Sign On)は、利用者は最初に1回(Single)だけ認証を受ければ、許可されている複数のサービスを利用できるので、利便性が高いです。

ポイント21 ワンタイムパスワード

ワンタイムパスワード(Onetime Password)は一度(Onetime)だけ有効ですので、パスワードを盗まれても無効になります。

ポイント22 共通鍵暗号方式

同一の鍵を用いるのは、共通鍵暗号方式だけが持つ特徴です。公開鍵暗号方式では、復号には暗号化で使用した鍵とは異なった鍵を用います。

ポイント23 公開鍵暗号方式

安全に通信ができるのは、公開鍵暗号方式の場合です。共通鍵暗号方式では暗号化や復号を高速に行うことが可能ですが、暗号化に使用する鍵を第三者に知られたら、復号もできてしまいます。

認証局（CA：Certificate Authority）は、公開鍵の持ち主が間違いなく本人であることを確認する手段を提供するが、この確認に使用されるのが<u>ディジタルサイネージ</u>である。

PKIにおいて、ディジタル署名をした電子メールは、電子メールが途中で盗み見られることを防止できる。

 無線LANにおいて、端末とアクセスポイント間で伝送されているデータの盗聴を防止するために利用されるものは、<u>ESSIDステルス</u>である。

 HTTPSで接続したWebサーバとブラウザ間の暗号化通信に利用されるプロトコルは、<u>SEO</u>である。

SSL/TLSによる通信内容の暗号化を実現させるために用いるものが、<u>ファイアウォール</u>である。

 IoT機器やPCに保管されているデータを暗号化するためのセキュリティチップであり、暗号化に利用する鍵などの情報をチップの内部に記憶しており、外部から内部の情報の取り出しが困難な構造を持つものを、<u>TKIP</u>という。

ポイント24 電子証明書

正しくは、電子証明書です。ディジタルサイネージ（Digital Signage）は「電子看板」という意味で、ディジタル技術を活用した広告・情報媒体です。

ポイント25 ディジタル署名

盗み見は防止できません。ディジタル署名は、送信者が本人であるかと、電子メールの内容が改ざんされていないことを受信者が確認できます。ディジタル署名に利用されるのは、公開鍵暗号方式です。

ポイント26 ESSIDステルス

ESSIDステルスは、アクセスポイントの名前であるESSIDを見えないようにするものなので、誤りです。問題文は、WPA2の説明です。

ポイント27 SSL/TLS

正しくは、SSL/TLSです。SEO（Search Engine Optimization）は、特定のWebサイトが、検索の際に検索結果の上位に来るようにすることです。

ポイント28 サーバ証明書

正しくは、サーバ証明書です。ファイアウォール（Fire Wall）は、外部ネットワークからの不正侵入を防ぐためのものです。

ポイント29 TPM

正しくは、TPM（Trusted Platform Module）です。TKIP（Temporal Key Integrity Protocol）は、無線LAN用のセキュリティプロトコルです。

| 問題 1 | 社内のPCでマルウェアが発見された際、そのマルウェアが他のPCにも存在するかどうかを調査するには、そのマルウェアと同じ拡張子を持つファイルを探す。 |

| 問題 2 | サーバへの攻撃を想定した擬似アタック試験を実施し、発見された脆弱性への対策を行うことは、情報セキュリティにおけるソーシャルエンジニアリングへの対策の例である。 |

| 問題 3 | パスワードの長さが8文字で、各文字に使用できる文字の種類がM種類のとき、設定できるパスワードの総数は、8^Mである。 |

| ** 問題 4 | 公開鍵暗号方式の代表的な方式として、RSAがある。 |

| ** 問題 5 | 共通鍵暗号方式では、暗号化通信する相手が1人のとき、使用する鍵の数は公開鍵暗号方式よりも少ない。 |

| ** 問題 6 | ブラウザとWebサーバ間の通信プロトコルを、HTTPからHTTPSに変更すると、コンピュータウイルス感染の防止が実現できる。 |

ポイント1 マルウェアの調査方法

そのマルウェアと同じ拡張子を持つファイルはたくさんあって特定できません。そうではなく、そのマルウェアと同じハッシュ値のファイルを探します。

ポイント2 ソーシャルエンジニアリングへの対策

ソーシャルエンジニアリングへの対策の例としては、従業員のセキュリティ意識を高めるため、セキュリティ教育を行うことなどがあります。なお擬似アタック試験は、ペネトレーションテスト (Penetration Test) ともいいます。

ポイント3 パスワード

正しくは、M^8 です。1文字目でM種類、2文字目もM種類、3文字目もM種類と続きますから、8文字では M^8 になります。

ポイント4 RSA

一方で、共通鍵暗号方式には、DESやAESがあります。

ポイント5 共通鍵暗号方式の鍵の数

共通鍵暗号方式では、暗号化通信する相手1人につき、1つの共通鍵を使います。10人なら10個必要ですが、相手が1人なら、1つで済みます。公開鍵暗号方式では、暗号化通信する相手の人数に関わらず、常に公開鍵と秘密鍵の1セットです。

ポイント6 HTTPS

HTTPSで、コンピュータウイルス感染の防止は実現できません。そうではなく、Webサーバとブラウザ間の双方向の通信が暗号化され、通信の機密性が確保できます。

② セキュリティ②

・・・ **基礎問題** ・・・

問題 1 ✱✱
ISMSを構築する組織は、保護すべき情報資産を特定し、リスク対策を決める。

問題 2
ISMSにおける情報セキュリティリスクアセスメントでは、リスクの特定、分析および評価を行うが、リスク評価では、保護すべき情報資産の取扱いにおいて存在するリスクを洗い出す。

問題 3
ISMSにおけるリスク分析では、システムの規模や重要度に関わらず、すべてのリスクを詳細に分析しなければならない。

問題 4
ISMSにおける情報セキュリティリスクの取扱いに関する「リスク及び機会に対処する活動」は、リスク評価→リスク分析→リスク対応の順番である。

問題 5
情報セキュリティリスクへの対応には、リスク移転、リスク回避、リスク受容およびリスク低減があるが、問題の発生要因を排除してリスクが発生する可能性を取り去ることは、リスク受容に該当する。

問題 6
情報セキュリティリスクへの対応として、保険などによってリスクを他者などに移すことは、リスク低減に該当する。

ポイント1 ISMS

ISMS（Information Security Management System）は、情報セキュリティマネジメントシステムです。経営層を頂点とした組織的な取組みで、継続的に改善を繰り返しながら運用されます。

ポイント2 リスク評価

リスクを洗い出すのは、リスク特定です。リスク評価では、あらかじめ定めた基準により、分析したリスクの優先順位付けを行います。

ポイント3 リスク分析

リスク分析では、システムの規模や重要度の大きいものを詳細に分析します。また、リスクの内容は業界や業種によって異なることから、対象とする組織に適した分析手法を用います。

ポイント4 「リスク及び機会に対処する活動」の流れ

評価と分析が逆です。正しくは、リスク分析→リスク評価→リスク対応の順番です。

ポイント5 リスク受容

可能性を取り去ることは、リスク回避です。リスク受容では、特段の対応は行わずに、損害発生時の負担を想定しておくことです。

ポイント6 リスク低減

保険などは、リスク移転に該当します。リスク低減では、セキュリティ対策を行い、問題発生の可能性を下げます。

情報セキュリティにおけるリスクアセスメントとは、事前に登録された情報を使い、システムの利用者が本人であることを確認することである。

 落雷などによる予期しない停電は、脆弱性に該当する。

9

テクノロジ系　セキュリティ

 管理者権限でPCにログインし、Webブラウザを利用すると、セキュリティリスクが増大する。

** ISMSにおける情報セキュリティ方針は、個人情報を取り扱う事業者が守るべき義務を規定するものである。

**
** 問題
11 データを暗号化することは、情報セキュリティにおける完全性を維持する対策の例である。

**
** 問題
12 情報セキュリティの観点から、システムの可用性を高める施策の例としては、ハードウェアを二重化することがある。

ポイント7 リスクアセスメント

リスクアセスメント (Risk Assessment) は、識別された資産に対するリスクを分析、評価し、基準に照らして対応が必要かどうかを判断することなので誤りです。問題文は、認証の説明です。

ポイント8 脅威

停電は、脆弱性ではなく、脅威に該当します。脆弱性の例としては、暗号化しない通信や機密文書の取扱方法の不統一、施錠できないドア、不適切なパスワード管理等があります。

ポイント9 管理者権限とセキュリティリスク

管理者権限には機能の制限がほとんどないので、この状態でマルウェアが実行されると、リスクも大きくなります。

ポイント10 情報セキュリティ方針

情報セキュリティ方針はトップマネジメントの責任によって、情報セキュリティに対する組織の意図を示し、方向付けをするものなので誤りです。問題文は、個人情報保護指針の説明です。

ポイント11 完全性

暗号化は、機密性の例です。完全性とは、情報が改ざんされていないことで、その例としては、データにディジタル署名を付与することなどがあります。

ポイント12 可用性

可用性とは、いつでも使用可能であることなので、ハードウェアを二重化しておけば、一方が故障しても他方で可用性を保つことができます。

問題 **13** <u>MDM</u>とは、従業員が所有する私物のモバイル端末を、会社の許可を得た上で持ち込み、業務で活用することである。

問題 **14** コンピュータやネットワークに関するセキュリティ事故の対応を行うことを目的とした組織を、<u>CSIRT</u>と呼ぶ。

**

問題 **15** <u>ディジタルフォレンジックス</u>の目的は、情報漏えいなどの犯罪に対する法的証拠となり得るデータを収集して保全することである。

**

問題 **16** 企業のネットワークにおいて、社外秘の機密情報を格納するファイルサーバは、<u>DMZ</u>ではなく、<u>企業内LAN</u>に設置すべきである。

問題 **17** 複数の取引記録をまとめたデータを順次作成するときに、そのデータの直前のデータのハッシュ値を埋め込むことにより、データを相互に関連付け、取引記録を矛盾なく改ざんすることを困難にすることで、データの信頼性を高める技術を、<u>ブロックチェーン</u>という。

9 テクノロジ系　セキュリティ

ポイント13　MDM

MDM (Mobile Device Management) とは、モバイル端末の状況の監視、リモートロックや遠隔データ削除ができるエージェントソフトの導入などによって、企業システムの管理者による適切な端末管理を実現することなので誤りです。問題文は、BYODの説明です。

ポイント14　CSIRT

CSIRT (Computer Security Incident Response Team) は、シーサートと読みます。

ポイント15　ディジタルフォレンジックス

つまり、コンピュータに関する犯罪や法的紛争の証拠を明らかにする技術です。ディジタルフォレンジックス (Digital Forensics) のForensicsは「科学捜査」という意味です。

ポイント16　DMZ

DMZ (DeMilitarized Zone＝非武装地帯) には外部と通信する必要があるメールサーバやDNSサーバ、社外向け情報を公開するWebサーバを置きます。

ポイント17　ブロックチェーン

ブロックチェーン (Block Chain) は、分散型台帳技術とも呼ばれ、仮想通貨にも使われている技術です。

9

テクノロジ系　セキュリティ

• • • 挑戦問題 **• • •**

問題 1

情報セキュリティの対策を、技術的セキュリティ対策、人的セキュリティ対策および物理的セキュリティ対策の3つに分類するとき、電子メール送信時にディジタル署名を付与するのは、物理的セキュリティ対策に該当する。

問題 2

JPCERT コーディネーションセンターと情報処理推進機構(IPA) が共同運営するJVNで、JVN#12345678などの形式の識別子を付けて管理している情報は、ソフトウェアなどの脆弱性関連情報とその対策である。

✱✱ 問題 3

振る舞い検知の技術では、プログラムの動きを常時監視し、意図しない外部への通信のような不審な動きを発見したときに、その動きを阻止する。

問題 4

アプリケーションプログラムやデバイスドライバなどを安全に配布したり、それらが不正に改ざんされていないことを確認したりするために利用するものを、電子透かしという。

問題 5

ISMS適合性評価制度において、組織がISMS認証を取得していることからは、組織が運営するWebサイトを構成しているシステムには脆弱性がないことが判断できる。

ポイント1 情報セキュリティの対策

ディジタル署名を付与するのは、技術的セキュリティ対策です。物理的セキュリティ対策の例としては、ノートPCを保管するときに施錠管理することなどがあります。

×

ポイント2 JVN

JVN（Japan Vulnerability Notes）は、脆弱性対策情報ポータルサイトです。

○

ポイント3 振る舞い検知

これにより、ゼロデイ攻撃のような未知の脅威からシステムを守ります。

○

ポイント4 コード署名

正しくは、コード署名といいます。電子透かしは、写真などのディジタルコンテンツに著作権情報を埋め込んだものです。

×

ポイント5 ISMS適合性評価制度

システムの脆弱性については判断できません。そうではなく、組織が情報資産を適切に管理し、それを守るための取組みを行っていることが判断できます。

×

問題 **1**　PCで電子メールの本文に記載されていたURLにアクセスしたところ、画面に図のメッセージが表示され、PCがロックされてしまった。これは、何による攻撃か。

> このPCをロックしました。ロックの解除には、パスワードが必要となります。パスワードを知りたい方は,48時間以内に振込みをしてください。お支払いいただけない場合,解除することができなくなります。お支払方法は以下のとおりです。

ア キーロガー　　**イ** スパイウェア
ウ ボット　　　　**エ** ランサムウェア

（平成30年度春期　問66）

問題 **2**　公開鍵暗号方式を利用した処理と、その処理に使用する公開鍵の組合せa～cのうち、適切なものだけを全て挙げたものはどれか。

	処理	使用する公開鍵
a	作成した電子メールに対するディジタル署名の付与	電子メール作成者の公開鍵
b	受信した電子メールに付与されているディジタル署名の検証	電子メール作成者の公開鍵
c	使用しているブラウザから Web サーバへの暗号化通信	Web サーバの公開鍵

ア a, b　**イ** a, c　**ウ** b　**エ** b, c

（平成30年度秋期　問93）

解答1 エ

アのキーロガー（Keylogger）は、パソコンのキー入力を監視して記録するマルウェアです。パスワードなどの個人情報を盗みます。

イのスパイウェア（Spyware）も、個人のパソコンに侵入し、個人情報を盗みます。

ウのボット（Bot）はロボットの略で、パソコンを外部から遠隔操作し、DDos攻撃などに使うためのマルウェアです。

エのランサムウェア（Ransomware）のランサムは、身代金という意味で、本問のように要求して来るお金のことです。したがって、**エ**が正解です。

9 テクノロジ系　セキュリティ

解答2 エ

aとbについては、ディジタル署名には、作成者の秘密鍵を使い、受信者が作成者の公開鍵を使って検証します。したがって、aが誤りで、bが正しいです。

cについては、ブラウザからWebサーバへの暗号化通信には、Webサーバの公開鍵を使いますので、正しいです。したがって、bとcが正しく、**エ**が正解です。

これだけは覚えておきたい重要単語

- [ ] マルウェアは悪意のあるソフトウェアの総称
- [ ] ボットはPCを乗っ取り不正操作
- [ ] スパイウェアは利用者が認識することなくインストールされ、個人情報やアクセス履歴などを収集
- [ ] ゼロデイ攻撃は脆弱性への対策が公開される前に攻撃
- [ ] Dos攻撃はサーバーに大量のデータを送りつける
- [ ] クラッキングはコンピュータへの不正侵入
- [ ] フィッシングは偽サイトへの誘導
- [ ] ランサムウェアは身代金を要求
- [ ] ソーシャルエンジニアリングは操作画面の盗み見など、人の心理的な弱みにつけこむ
- [ ] バイオメトリクス認証は生体的な特徴を利用した認証
- [ ] ワンタイムパスワードは1度（Onetime）だけ有効
- [ ] ファイアウォールは、外部ネットワークからの不正侵入を防ぐ
- [ ] DMZ（DeMilitarized Zone）は非武装地帯
- [ ] 共通鍵暗号方式では通信する相手1人につき1つの共通鍵を、公開鍵暗号方式では公開鍵と秘密鍵を用いる
- [ ] HTTPSにすると、WebサーバとPC間の双方向の通信が暗号化される
- [ ] ISMSは、情報セキュリティマネジメントシステム
- [ ] 可用性は、いつでも使用可能であること
- [ ] 完全性は、情報が改ざんされていないこと
- [ ] 機密性は、許可された利用者のみがアクセスできること
- [ ] CSIRTはセキュリティ事故に対応するチーム
- [ ] MDMは企業システムの管理者による適切な端末管理
- [ ] ディジタルフォレンジックスは、情報漏えいなどの犯罪に対する法的証拠を収集、保全

［索引］

マ行・ヤ行

ラ行・ワ行

❖ **著者紹介**

近藤 孝之（こんどう たかゆき）

1956年宮城県仙台市生まれ。東北大学工学部卒。専門学校や予備校で、IT関係・簿記・販売士・一般常識をはじめとして、公務員試験の数的推理・判断推理、数学と理科（物理・化学・生物・地学）など様々な分野を幅広く教える。現在、東北電子専門学校講師。第一種情報処理技術者。主な著書に「音声講義聞いたらわかったSPI」（一ツ橋書店）、「徹底攻略動画で学ぶITパスポート」、「徹底攻略コンドウ式日商簿記3級8時間の合格（うか）る授業テキスト」（以上インプレス）などがある。

著者ホームページ●http://kondousiki.in.coocan.jp

カバーデザイン❖安食正之（北路社）
カバーイラスト❖川原桂子
本文デザイン❖五野上恵美
本文レイアウト❖酒徳葉子
編集❖藤本広大

ようてんかくにん
要点確認これだけ！
アイティー　　　　　　　　　　　まるばつもんだいしゅう
ITパスポートポケット○×問題集

2020年1月30日　初版　第1刷発行

著　者　近藤　孝之

発行者　片岡　巌

発行所　株式会社 技術評論社
　　　　東京都新宿区市谷左内町21-13
　　　　電話　03-3513-6150　販売促進部
　　　　　　　03-3513-6166　書籍編集部

印刷／製本　昭和情報プロセス株式会社

定価はカバーに表示してあります。

●本書に関するご質問は、FAX・書面でお願いいたします。電話での直接のお問い合わせには一切お答えできませんので、あらかじめご了承ください。また、弊社のWebサイトでもお問い合わせ用フォームを用意しておりますのでご利用ください。
●ご質問の際には、書名と該当ページ、メールアドレスやFAX番号などの返信先を必ず明記してください。
●お送りいただいたご質問には、できる限り迅速に対応するよう努力いたしますが、場合によってはお時間をいただくこともございます。なお、ご質問は、本書に記載されている内容に関するもののみとさせていただきます。
●ご質問の際に記載いただいた個人情報は、質問の返答以外の目的には使用いたしません。また、質問の返答後は速やかに削除させていただきます。

❖ **お問い合わせ先**
〒162-0846
東京都新宿区市谷左内町21-13
株式会社技術評論社　書籍編集部
『要点確認これだけ！ITパスポートポケット○×問題集』質問係
FAX：03-3513-6183
Web：https://gihyo.jp/book

ISBN978-4-297-11079-6 C3055

Printed in Japan